日本の食と農の未来

「持続可能な食卓」を考える

小口広太

光文社新書

はじめに

本書のテーマは、「食と農」です。私たちは、食べなければ生きていけません。「そんなこと言われなくてもわかってる」「当たり前のことでしょ」と思うかもしれませんが、そこを一歩踏み込んで、みなさんは日常の食卓とどのように向き合っているでしょうか。

食は、人間の暮らしの中で最も身近で、必要不可欠な営みです。毎日、食事を摂り、多い人で１日３回も向き合います。ただし、この食という営みを「意識」している人はそう多くはないでしょう。

一般的には、「価格が高いか、安いか」「健康に良いか、悪いか」などメディアから受け取る「商品としての情報」を通じて意識することが多いのではないでしょうか。そのような関心は、私たちの家計や身体《からだ》に直結する問題ですから、当然のことです。

本書では、私たちの食卓が様々な「つながり」の中で成り立っていることを、もっと根っこの部分から考えます。食は、どのように生み出されているでしょうか。農業は人間が農地を含めた自然環境に働きかけ、その自然環境を守り、育みながら生産物を得る営みです。自然環境に働きかける主たる担い手は農業者で、その生産物が食です。人間はそれを食べて、生命を再生産します。これが、本書の中心的なテーマとして取り上げる「食と農のつながり」です。

今、問われているのは、食と農のつながりの「中身」です。日本の食料自給率は4割を切り、食の大部分を海外に依存しています。そのため、私たちの食卓が国外の農業（食料輸出国）や地球環境問題とつながっていることも考えなければなりません。

いつの時代でも、人間は食の確保に多くの時間を割き、当然、日々の暮らしの中で意識せざるを得ない「自分事」でした。戦後は食料難が続きましたが、高度成長期以降、経済と社会が発展すると、「生産者」と「消費者」という言葉が一般的に使用されるようになり、食の確保は徐々に「他人事《ひとごと》」になっていきます。現代は「飽食」の時代といわれて久しく、コンビニエンスストアだけでも食事は賄え、パソコンの画面を見ながらクリックひとつで食品が届きます。

私は、千葉県市川市にある千葉商科大学で教員をしています。社会科学の総合大学で、所属する人間社会学部は幅広い分野と領域を扱っていますが、農業や農村のことをテーマにする授業はひとつもありません。私が担当する「現代社会論」や「まちおこし実践」、ゼミなどの授業の一部を使って食と農、農業や農村について触れるくらいで、授業を聞いて初めて農業のことについて考える学生ばかりです。

「農業と聞いて何を思い浮かべますか」と問いかけると、「高齢者ばかり」「若い人がいない」という一面的で、しかも「ネガティブ」な回答が返ってきます。おそらく、一般的に見ても同じ傾向でしょう。

千葉商科大学の前は、東京都港区にある日本農業経営大学校で教員をしていました。卒業後すぐに就農する若い学生ばかりで、今とは180度違う環境です。就農を決意している学生は、地域や社会が抱える課題をどのように解決し、自身の農業経営の確立や日本農業全体の発展につなげることができるのかを考え、学んでいます。当然ですが、農業を「ポジティブ」に捉え、「希望」を抱く若い世代の姿がもう一方にはあるのです。

確かに、高齢化や後継者不足は「待ったなし」の状況で、日本農業の現状を言い当てています。ただし、学生と話すと、実際に農業の現場を見たり、生産者と話したことはなく、あくまでメディアから受け取る「イメージ」で、リアルな現場、ポジティブな側面までなかなか見えていません。

このような現状を目の当たりにすると、食と農の「距離」が広がっていることを実感します。ひとつは、物理的な距離です。物理的な距離が広がると、食と農の間は不可視となり、例えば、どこで誰がどのような方法で栽培しているのか確認できません。食と農の間で「コミュニケーション」が取れなくなるのです。こうした状況が、食の安全に対する不安や不信感を招く大きな要因となっています。

もうひとつは、心理的な距離です。普段の食卓と生産現場との間でコミュニケーションがないために、農業や環境などに対して「無関心」になります。一面的なイメージで語られてしまうのは、この「共感の喪失」が要因ではないでしょうか。

食と農の間にある二つの距離を縮め、日々の食卓でそのつながりをどのように意識できるのかが本書を貫く問題意識になります。「食と農」という順番で表現しているのもそのためです。農がなければ食が成り立たないことを考えると、「農と食」と表現するのが妥当かもしれません。この意味は、私も十分理解していますが、同時に食がなければ農も成り立ちません。この二つの営みは、相互に依存し合っています。言い換えれば、私たちは「食の選択」を通じて農業、農業者、環境を守り、育むことができるということです。今必要なのは、食から農につながろうとする実践的なアプローチでしょう。

本書では、食と農の「つながりの再構築」という視点に立ち、多様な農と農業の担い手を育て、食と農をつなぐ仕組みをつくる持続可能な食卓の姿についてみなさんと一緒に考えていきます。構成は、次の通りです。

第1章では、日本の食と農を取りまく現状と課題を整理しつつ、私たちの食卓が社会とどのようにつながり、影響を与えているのか考え、持続可能な社会における食と農の役割とその必要性を考えます。

第2章と第3章は、農業の担い手についてです。第2章では新規就農者を取り上げ、若い世代から支持される独立就農の現状と課題、その多様な実践の姿に焦点を当てます。第3章では有機農業の歴史と意義を振り返り、有機農業を実践する独立就農者を育て、定着させている二つの取り組みを紹介し、その要因と条件を検討します。

第4章と第5章は、食と農をつなぐフードシステムについてです。第4章では、オルタナティブ・フードシステムを概観し、その中でも生産者と消費者の距離が近いローカル・フードシステムの意義を考えます。第5章では、ローカル・フードシステムのひとつとして注目されるCSAの意味について再考し、食と農のつながりをつくるコーディネーターの役割と条件を検討します。

第6章は、少し視点を変え、都市農業の現場で広がりを見せる「耕す市民」についてです。都市生活者に支持される多様な耕作方式の特徴を紹介し、耕す市民がつくる食と農の新たな可能性について考えます。


食と農の距離の広がりを当たり前と思ってしまうと、思考停止です。一歩立ち止まって私たちの食卓を見つめ直し、食から農の世界を見ると、そこには多様なコミュニケーションが存在しています。本書を読み終えた後、みなさんが食と農に関心を持ち、日常の食卓でそのつながりを少しでも豊かにできることを願っています。

日本の食と農の未来　「持続可能な食卓」を考える　目次

第3章 持続可能な農業としての「有機農業」を地域に広げる——87

第4章　食と農のつなぎ方 ―― 121

第1章

日本の食と農のいま

第1章では、日本の食と農を取りまく現状と課題について、マクロな視点で整理していきます。食と農の距離の拡大、特に食料自給率の低下やグローバル化がどのようなリスクを生んでいるのか、なぜ食と農のつながりを再構築しなければならないのか、その背景と意義を考えていきましょう。

1・1 食の海外依存という「リスク」

広がる食と農の距離

「フードシステム」という言葉があります。図表1-1のように、「食料生産から最終消費までの流れ」を指し、川上から川下、湖に向かって水が流れていく様子を思い浮かべるとわかりやすいでしょう。

フードシステムの概念を頭に入れながら本章を読み進めると、私たちの食卓と社会、環境のつながりがよくわかります。現代におけるフードシステムの特徴は、「広域化」と「複雑

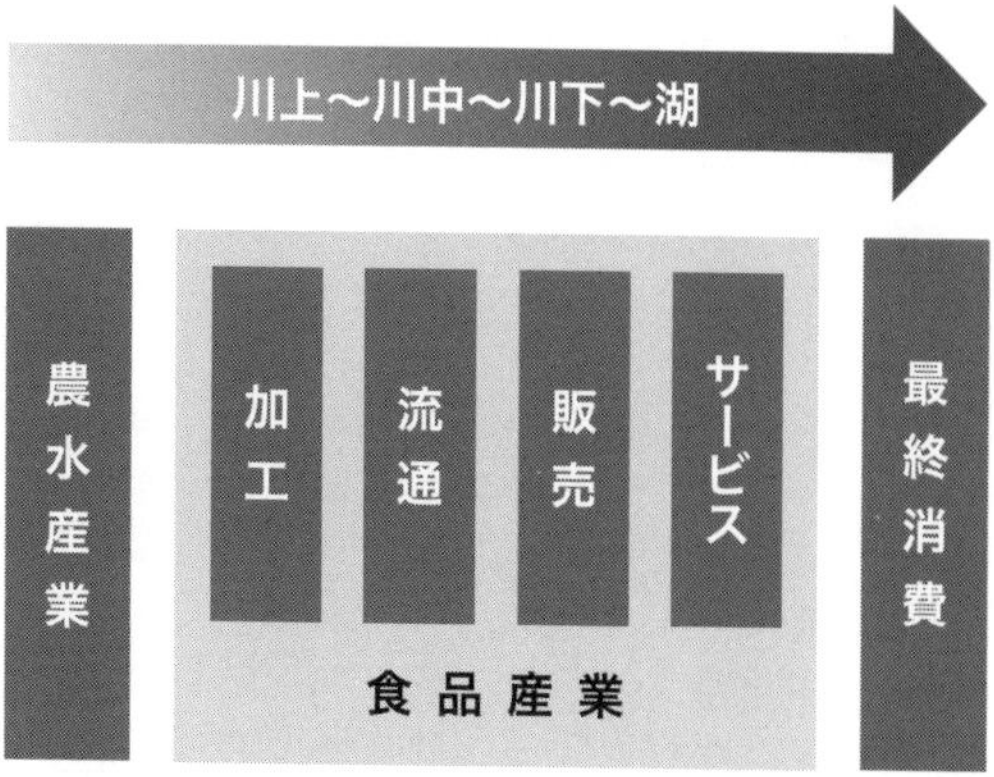

資料：筆者作成

図表1-1　フードシステムの概念図

化」です。

　この実態について、食料自給率を手がかりに見ていきます。１９６０年度に79％あった食料自給率（カロリーベース）は、１９９８年度以降40％以下を推移し、２０１９年度時点で38％まで低下しました（農林水産省「食料需給表」）。

　図表１-２（次ページ）は、主な食料の品目別自給率の推移です。食料自給率を全体的に押し下げているのが穀物です。穀物自給率は、２０１９年度時点で28％しかありません。小麦や大豆は、１９６０年という早い段階でそれぞれ39％、28％と低く、その後も下がり続けました。雑穀に含まれるとうもろこしは、自給率が０％です。

	1960年	1970年	1980年	1985年	1990年	1995年	2000年	2005年	2010年	2015年	2019年
米	102	106	100	107	100	104	95	95	97	98	97
小麦	39	9	10	14	15	7	11	14	9	15	16
大豆	28	4	4	5	5	2	5	5	6	7	6
雑穀	21	1	0	0	0	0	0	0	0	0	0
野菜	100	99	97	95	91	85	81	79	81	80	79
果実	100	84	81	77	63	49	44	41	38	41	38
牛肉	96	90	72	72	51	39	34	43	42	40	35
豚肉	96	98	87	86	74	62	57	50	53	51	49
鶏肉	100	98	94	92	82	69	64	67	68	66	64
魚介類	108	102	97	93	79	57	53	51	55	55	52
油脂類	42	22	29	32	28	15	14	13	13	12	13

（単位：％）

資料：農林水産省「食料需給表」より筆者作成
注：雑穀とは、「とうもろこし、こうりゃん、その他の雑穀」を指す。

図表1-2　主な食料の品目別自給率の推移

穀物自給率の低さの背景には、アメリカの余剰農産物戦略や農業の近代化政策による穀物の輸入重視、食生活の欧米化（粉食、肉食の普及）、家畜の飼料用としての大量輸入などが挙げられます。輸入飼料を考慮すると、自給率は牛肉9％、豚肉6％、鶏肉8％しかありません。

図表1－3は、諸外国の食料自給率と穀物自給率の比較です。カナダ、オーストラリア、アメリカ、フランス、ドイツなどが軒並み高い割合を維持し、自国の農業と国民の食料を守っていることがわかります。このように見ると、日本の低さは際立ちます。特に、穀物自給率は172の国・地域中、125番目、OECD加盟37か国中、32番目の低さです。

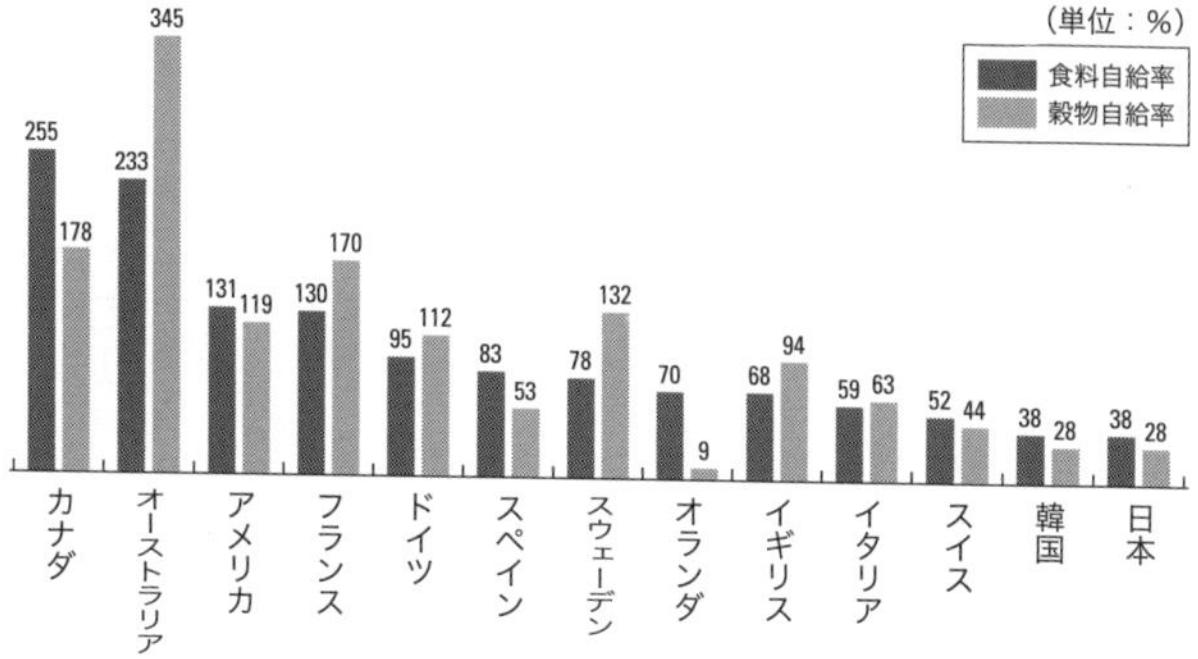

資料：農林水産省「食料需給表」、FAO "Food Balance Sheets" 等を基に農林水産省で試算。(アルコール類等は含まない)
注1：日本は2019年度、それ以外は2017年の数値。
注2：畜産物及び加工品については、輸入飼料及び輸入原料を考慮して計算。
注3：穀類のうち、米については玄米に換算している。

図表1-3　諸外国の食料自給率と穀物自給率の比較

食と農のグローバル化

食料自給率の低下には、三つの局面が見られます。

第一の局面は１９６０～１９７５年で、穀物自給率のさらなる低下です。

第二の局面は１９８５～１９９５年で、１９８５年９月のプラザ合意以降、円高で割安となった輸入農産物に国産農産物が代替された結果、低下しました。バブル経済に突入したことも大きな要因です。この間、野菜や肉類、果実の輸入自由化が激しい貿易戦争のもと進んだ結果、農業総産出額は１９８４年をピークに減少していきました。

第三の局面は、１９９５年から現在に至る

自由貿易の推進です。多角的な自由貿易体制を強化するＷＴＯ（世界貿易機関）の発足とそれを補完するＦＴＡ（自由貿易協定）、ＥＰＡ（経済連携協定）の推進、さらに近年は、多国間による広域的なメガＦＴＡの締結に向けた動きが活発です。

日本もメガＦＴＡを積極的に推進しています。２０１８年12月にＴＰＰ11（環太平洋パートナーシップに関する包括的及び先進的な協定）、その後、２０１９年2月に日ＥＵ・ＥＰＡを発効しました。現在は、日中韓ＦＴＡやＲＣＥＰ（東アジア地域包括的経済連携）協定が交渉中です。

このような「グローバル・フードシステム」の形成は、多国籍企業や超国籍企業と呼ばれる巨大企業が国境を越えて経済活動をスムーズに行い、利潤を追求できるルールづくりのもと進められています。

脆弱化する農業構造

戦後の農業政策は、１９６１年に制定された農業基本法のもと「農業の近代化」を目指し、そのうち「選択的拡大」政策では、野菜、畜産、果樹の生産を奨励して産地の形成を推し進めました。ところが、１９８０年代後半以降、そのような生産奨励作目の輸入が増加し、離農者の増加や農業経営の継続困難によって国内農業の規模が縮小していきます。現在、さらなる自由貿易の推進と規制緩和が進み、国際競争を強いられています。

生産現場は、どうなっているのでしょうか。農林水産省の農林業センサスを参考に見ていきます。農林業センサスは、農林業と農山村の基本構造の実態とその変化を明らかにすることを目的に、農林水産省が5年ごとに実施している調査です。この調査結果は、農林水産省のホームページから誰でも閲覧できます。

図表１－４（次ページ）は、農業就業人口および基幹的農業従事者数の推移です。農業就業人口とは「自営農業のみに従事した者、または自営農業以外の仕事に従事していても年間労働日数で自営農業が多い者」で、そのうち「ふだん仕事として主に自営農業に従事している者」が基幹的農業従事者です。

農業就業人口を見ると、１９６０年度の１４５４万人から２０１６年度には２００万人を切り、２０１９年度時点で１６８万人まで大幅に減少していることがわかります。

１９５０年代後半から始まる高度成長期以降、農家の補助的労働者であった次男・三男だけではなく、後継者となる長男、女性も含めて農村から都市への人口流出が急速に進みまし

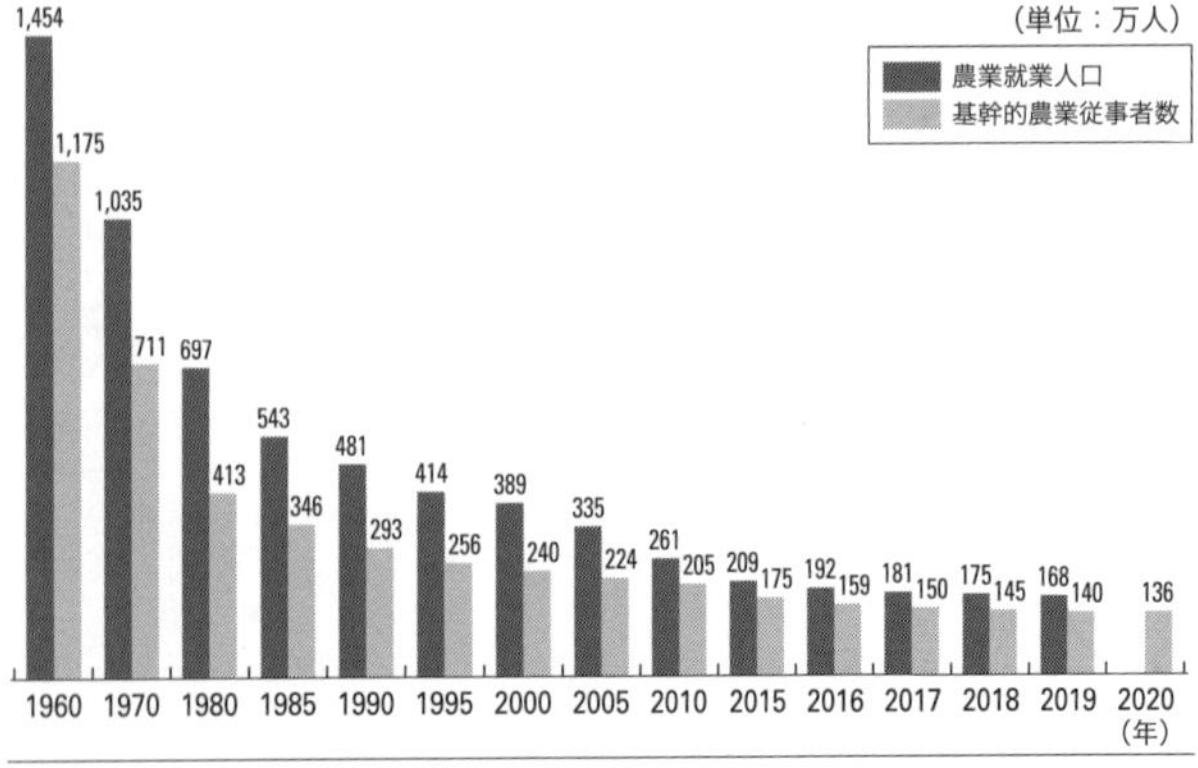

資料：農林水産省「農林業センサス」「農業構造動態調査」より筆者作成
注1：1985年からは販売農家が対象。
注2：「2020年農林業センサス」より農業就業人口の集計は廃止。

図表1-4　農業就業人口と基幹的農業従事者数の推移

た。２０１９年までの約30年間の推移を見ても、農業就業人口は半減し、１９５０年の約10分の１です。

１９９５年から２００５年までの10年間は79万人の減少でしたが、２００５年から２０１５年までの10年間は１２６万人と大幅に減少していることがわかります。これは、２００５年から70歳以上の層が減少に転じる構造的な変化がひとつの要因です。その結果、個々の農業経営の継承と再生産だけでなく、地域農業と地域社会の維持も困難な状況となっています。

２０２０年農林業センサスでは、一般的な指標として用いられてきた農業就業人口の集計が廃止となりました。基幹的農業従事者数の動向を見ると、前回の2015年農林業センサスと比べて39万人も減少し、これは過去最大の減少数です。

1950年は、全就業人口のうち農業就業人口が47・1%も占めていましたが、2020年の基幹的農業従事者数を見ると2%しかいません。民俗研究家の結城登美雄さんは、こうした現状を池田香代子著、C・ダグラス・ラミス翻訳『世界がもし100人の村だったら』（マガジンハウス、2001年）を援用し、「食料自給力3%」と表現しています。

100人の日本という村は、3人の人々が懸命に土を耕し種をまき、草を払って支柱を立て、収穫にいそしんでいる。海では原油高の中を舟を沖へと向かわせ網を入れ、それを引き上げて港に帰ってくる。手にする収入は悲しいほどに少なく空しさをかみ殺している。それらを97人の村人がわがまま放題にむさぼり食らい、うまいまずい、高い安いと不平をたれている。それが日本および日本人ではないか。

しかも3人の食の担い手のうち、1人は60歳代で、もう1人はすでに70歳をこえている。むろん人には体力の衰えがあり寿命もある。このままいけば10年後の日本村の食卓は老農1人が99人を支えるという異常な村になりかねない。問われているのは食料自給率ではなく、食を厳しい現場で支える人の力、すなわち「食の自給力」ではあるまいか。食の自給力３％の日本。食を支える人が消えていく日本。それこそが真の食料危機である。（結城登美雄〈２００８〉「自給する家族・農家・村は問う」山崎農業研究所編『自給再考：グローバリゼーションの次は何か』95〜96ページ、農山漁村文化協会）

この文章は、日本における食と農、そして食への意識、食を支える農業の現状を端的に言い表しています。

図表１‐５は、２０２０年の年齢別基幹的農業従事者数です。75歳以上が31・７％、65歳以上を含めると69・４％にもなり、平均年齢は67・８歳です。一方で、30代以下は４・９％しかいません。40代以下を含めても10・９％です。総土地面積の約70％、全国の耕地面積と総農家数の約40％を占める中山間地域では、特に高齢化が進んでいます。

耕作放棄地の面積は、１９７５年の13万１０００ヘクタールから２０１５年には42万３０００ヘクタールまで増加しました。これは滋賀県の面積に匹敵する大きさです。

ここで留意したい点があります。高齢化と聞くと「お年寄りばかり」というネガティブなイメージを抱きがちですが、生涯現役という言葉がある通り、農業は定年がない仕事で健康

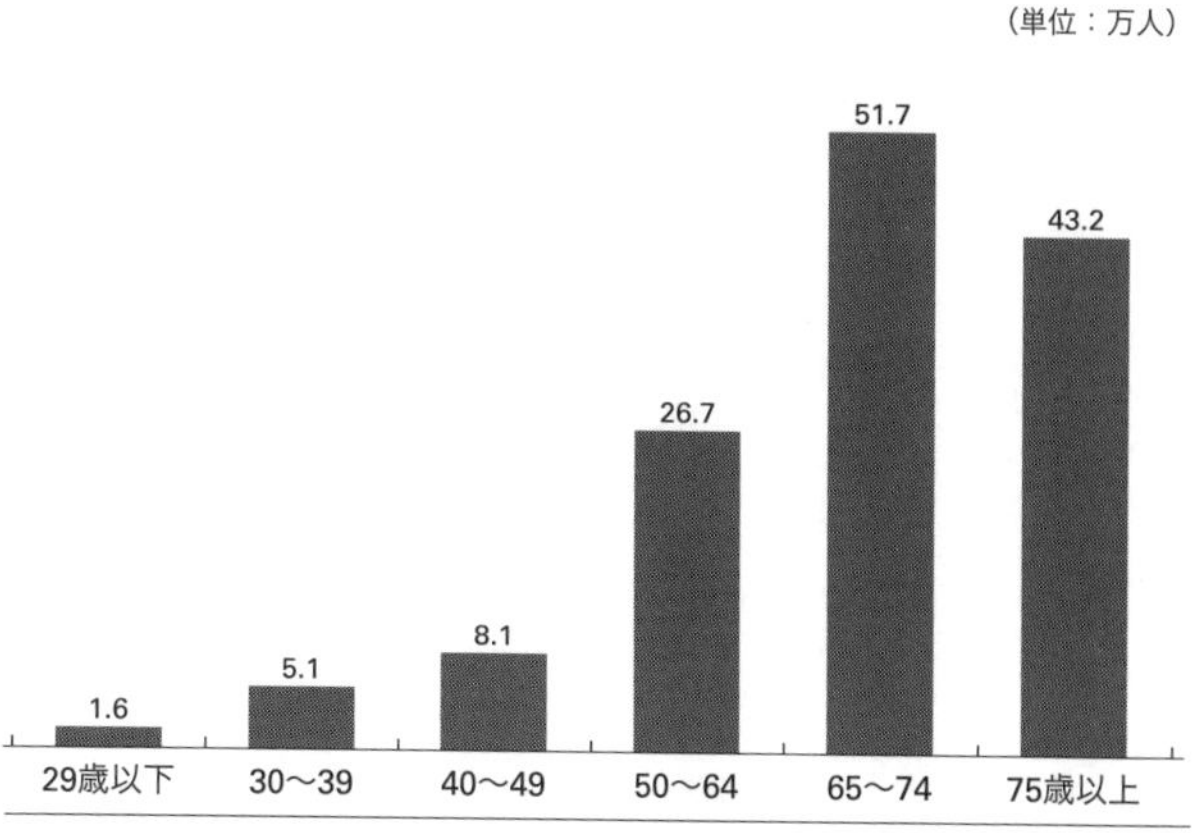

資料：農林水産省「2020年農林業センサス」より筆者作成

図表１-５　年齢別基幹的農業従事者数（2020年）

や福祉にも大きく貢献しています。これは農業が持つ素晴らしい可能性で、考えたいのは若い世代の後継者をどう育てていけるかです。

すぐそこに迫る食料危機

食料自給率が低下する中、果たして食料の供給は安定的に継続するのでしょうか。世界の食料と農業を取りまく現状を見ていきましょう。

国連人口基金によると、世界人口は２０１５年の73億人から２０５０年には97億人に、食料需要も２０００年の45億トンから２０５０年には69億トンまで増加する見通しです。世界全体の穀物生産量は、これまで単位面積当たりの収穫量（単収）の向上によって支えられてきましたが、近年その伸び率は鈍化しています。

また、肉類消費量の増加も食料需給をひっ迫させる要因のひとつです。国民１人当たりの所得が向上すると肉類消費量が増加する傾向にあり、とりわけ中国やインド、ロシアなどは急速に経済成長を遂げています。農林水産省によると、畜産物１キロを生産するために必要な穀物飼料（トウモロコシ換算）は、牛肉11キロ、豚肉７キロ、鶏肉４キロ、鶏卵３キロで、肉食需要の増加が穀物需要の増加につながるという相関関係です。

さらに、トウモロコシなどから生産されるバイオエタノール原料用の穀物需要も増加しているため、人間、動物、エネルギーによる食料の奪い合いが現代社会の食をめぐる構図といえます。こうした状況のもと、食料の海外依存は国民の不安を招く事態を引き起こします。

ここでは、二つの教訓を紹介します。ひとつは、２００８年に起こった「世界同時食料危機」です。この間、世界の穀物生産量は当時の過去最高を記録しましたが、先ほど述べた要因に投機マネーの流入も加わったことから、食料価格の高騰が起こり、ハイチやブルキナファソ、カメルーンなどでは暴動が発生しました。加えて、食料輸出国が輸出規制を実施し、穀物輸入国では食料危機が引き起こされたのです。

コロナ禍の教訓

もうひとつは、コロナ禍の教訓です。COVID‐19のパンデミック（世界的流行）は、私たちの暮らしを一変させました。それは、食と農の現場も同様です。流通の制限、国境封鎖、ロックダウン（都市封鎖）などが原因で、グローバル・フードシステムの脆弱性があらわになったのです。

食料の流通が制限されれば、食料輸入国には食料が届かない、食料輸出国は輸出したくてもできないという状況が生まれます。同時に、食料の輸出規制も起こりました。例えば、米、小麦、大豆などを輸出制限する国が最大で19か国に上りましたが、その中には小麦の輸出量世界1位のロシアもあり、ウクライナと合わせると全輸出量の約3割を占めます。

こうした状況に加え、世界最大の人口を抱える中国のさらなる食料輸入の増加、天候不順による生産量の減少などが重なって食料価格が高騰し、ロックダウンや経済状況の悪化が深刻な食料不安を招く「飢餓のパンデミック」といわれる現状です。

WFP（世界食糧計画）の「ハンガーマップ」によれば、2020年10月時点で十分に食べられない人が9億4000万人にもなり、世界人口のおよそ9人に1人に相当します。2

０１５年までは栄養不足人口も減少していましたが、その後、紛争や気候変動の影響などで飢餓に直面する人々の数は再び増加しました。それに追い打ちをかけたのがコロナ禍です。２０１９年時点で十分に食べられない人は８億２１００万人だったので、１億人以上も増加したことになります。

外国人労働者の移動規制

農業生産の現場では農業者の減少を補完する目的で、家族外労働力への依存を強めてきました。そのため、雇用やパート・アルバイト、ボランティアなど多様な労働力が農業経営を支えています。

外国人労働者数の総数は、２０２０年10月末時点で１７２万４３２８万人です。２０１２年の68万２４３１人から約２・５倍も増加しています。図表１‐６は、農業分野における外国人労働者数の推移です。外国人労働者の数は、２０２０年時点で３万８０６４人、２０１２年の１万６３７２人から約２・３倍も増加していることがわかります。そのうち約９割が外国人技能実習生です。

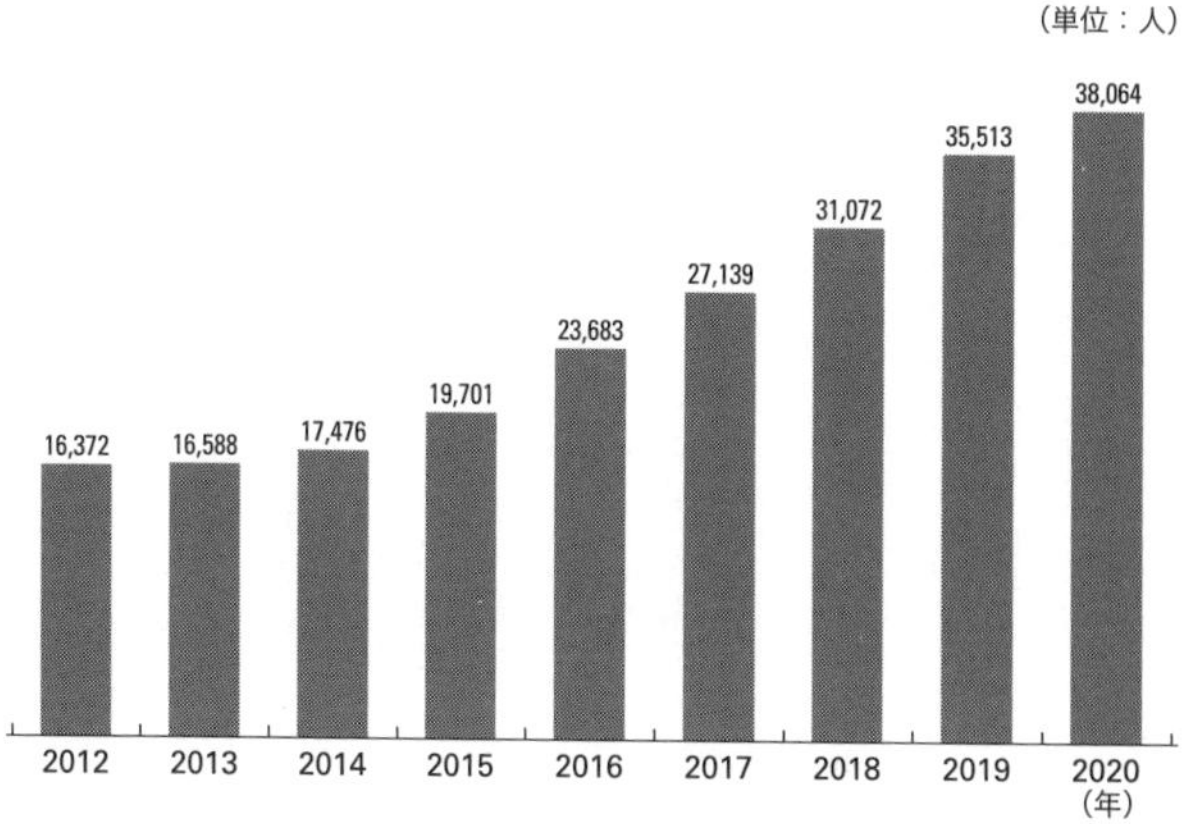

資料：厚生労働省「外国人雇用状況の届出状況」（各年10月末現在）

図表１-６　農業分野における外国人労働者数の推移

　例えば、北海道や長野県、茨城県、千葉県などのような産地では、外国人労働者の雇用が積極的に活用されています。私も茨城県で調査を行った際、「外国人労働者がいなくては現場はまわらない」という経営者の声を何度も聞きました。

　ところが、コロナ禍による入国制限措置などが原因で外国人労働者の来日の予定が立たない、帰国した労働者が来日できないという事態が起こり、人材不足が発生しました。改めて、外国人労働者に過度に依存するリスクが浮き彫りになったのです。

　今後も、コロナ禍に限らず、何らかの理由で入国できない状況が生じる可能性があります。「農業者が減少しているから、外国人労働者を」という補完、代替のような短絡的な発想ではなく、国内で農業分野の人材育成に力を入れ、外国人労働者も含めて農業の担い手を育てていく必要があるでしょう。

気候変動が与える農業への影響

地球温暖化による気候変動は、農業生産に直接影響を与える大きな問題を引き起こします。地球温暖化の原因は、エネルギー消費の拡大による温室効果ガス（二酸化炭素、メタン、一酸化二窒素など）の排出が増加しているためです。

２０１５年には、２０２０年以降の地球温暖化対策の国際的な枠組みである「パリ協定」が採択されました。産業革命前（１８５０～１９００年の平均）に比べて、世界の平均気温の上昇幅を２℃未満にすることを目標（上限目標）とし、１・５℃以内に抑えることを努力目標に掲げています。

ＩＰＣＣ（気候変動に関する政府間パネル）は、２０１８年10月に『１・５℃特別報告書』を公表しました。世界の平均気温は産業革命前と比べて約１℃上昇していること（可能性の高い範囲は０・８℃から１・２℃）、現状が続くと２０３０～２０５２年の間に１・５℃の上昇に達する可能性が高いとし、その影響、被害予測などを取りまとめたものです。

現在のように、1℃の上昇でも台風や洪水、熱波、干ばつなどの異常気象が頻発しています。1・5℃やそれ以上の気温上昇では、さらに大きなリスクを伴うことが容易に想像できるでしょう。

気候変動で、最も深刻な影響を受ける分野が農漁業です。南の地域では多くが農漁業に依存した生活をしています。異常気象などによって食料の生産が困難になるだけではなく、海面上昇が起こると農地などの資源が失われ、「環境難民」が増加しますが、そのような被害を保障する社会保障制度も十分ではありません。

毎年、日本でも豪雨や洪水、大型の台風、大雪が各地で発生し、農業への被害は特に深刻です。ゲリラ豪雨で圃《ほ》場《じょう》ごと流される、豪雪でパイプハウスが潰《つぶ》れる、台風や洪水で農業の継続が困難になるなど、自然災害に見舞われることも日常となりました。真夏日が増え、熱中症も深刻な問題です。

食料輸出国の状況を見ても、北アメリカやオーストラリア、中国、ロシアでは生産量が大幅に減少しています。世界規模で起こる農業生産の不安定化は、食料価格の高騰を引き起こす大きな要因です。

気候変動対策が農業の未来、人類の未来を決めるといっても過言ではありません。地球温暖化を少しでも抑え、気候変動を緩和していくことは、北の地域、南の地域に関係なく、農業を守るために必要な行動です。将来世代も豊かに農業を営み、食卓を構成できるように不平等をなくす「気候正義」の考え方が食と農のつながりにも求められています。

私たちの食卓が抱える「二重の脆弱性」

世界の食料供給体制は複合的に様々な要因が重なり、どこかでボタンの掛け違いが起こると、脆《もろ》くも崩れてしまう可能性が大いにあることがわかりました。

こうした状況は、食料自給の重要性を私たちに教えてくれています。食の海外依存は、他国に自分の生命を委ねているのと一緒で、いつまでも安定的な供給が継続するとは限りません。これは、暮らしの不安に直結します。

実際に起こった食料価格の高騰や食料危機を他人事として捉えるのではなく、いつ起きてもおかしくない現実的な問題として捉えることが必要ではないでしょうか。とりわけ、食料の輸出規制については、輸入国が何をやってもコントロールできません。

食料需給がひっ迫し、自国の国民の食料と生命を守ることは、国として最優先の行動です。自国で食料が足りないのに、輸出を続ける国はなく、輸入国の食料事情は考慮されません。すでに、お金があればいつでも食料を輸入できる時代ではないのです。

一方で、いざ国内で食料を生産しようと足もとを見ると、農業者の減少や耕作放棄地の増加が進み、「耕す人が誰もいなかった」「耕せる農地もなかった」という状況になりつつあります。

このように、私たちの食卓は、食料の海外依存による不安定さと国内農業の荒廃が同時に進行する「二重の脆弱性」というリスクと常に隣り合わせにあることを理解しておきましょう。

１・２　食の海外依存が生み出す「犠牲」

フードシステムの「工業化」と地球温暖化の促進

グローバル・フードシステムでは、生産性や効率性が重視されます。食料も工業製品と同じような商品として扱われ、モノカルチャー（単一品目への依存）で農薬や化学肥料の多投入、大型機械による「工業型農業」が拡大し、農業経営の「大規模化」「企業化」が進展しています。

先ほど、気候変動が農業に与える影響を見ましたが、フードシステムそのものが温室効果ガスを排出し、気候変動を促す直接的な原因です。食料の生産（森林伐採による農地への転用、農薬や化学肥料の製造、機械化や施設化、家畜排せつ物の管理、土壌の劣化など）および食品製造から加工、流通、貯蔵、消費に至るフードシステムのすべての段階で温室効果ガスが発生します。

ＩＰＣＣは、２０１９年８月に特別報告書『気候変動と土地』を公表しました。これは、土地利用の変化による気候変動への影響と、それが食料生産に与える影響のシナリオを示したものです。

農業と林業、その他の土地利用からの人為的な温室効果ガスの排出量は、世界の総排出量の約22％に相当し、運輸・産業セクターに匹敵する排出源となっています。食料の生産に加え、加工、流通、消費に至る食料システム全体からの排出は、世界の温室効果ガス総排出量の21～37％を占め、そのうち食品ロスは食料システム全体の約８％に相当します。

フードシステムという観点から、地球温暖化問題を捉え、食料自給率が低い日本は、そのプロセスで多くの温室効果ガスを排出しています。私たちの食卓と地球温暖化、気候変動は密接に関わっているのです。

例えば、食料の輸入が地球環境に与える負荷を把握する「フード・マイレージ」という指標があります。フード・マイレージは、食料の輸送量に輸送距離を掛け合わせ、単位は「ｔ・km（トン・キロメートル）」です。

図表１‐７（次ページ）は、各国の輸入食料のフード・マイレージの比較です。日本は世界トップのフード・マイレージで約９０００億ｔ・kmです。韓国やアメリカの約３倍にもなります。日本の食料輸入の特徴は大量かつ長距離で、多くの温室効果ガスを排出しているこ

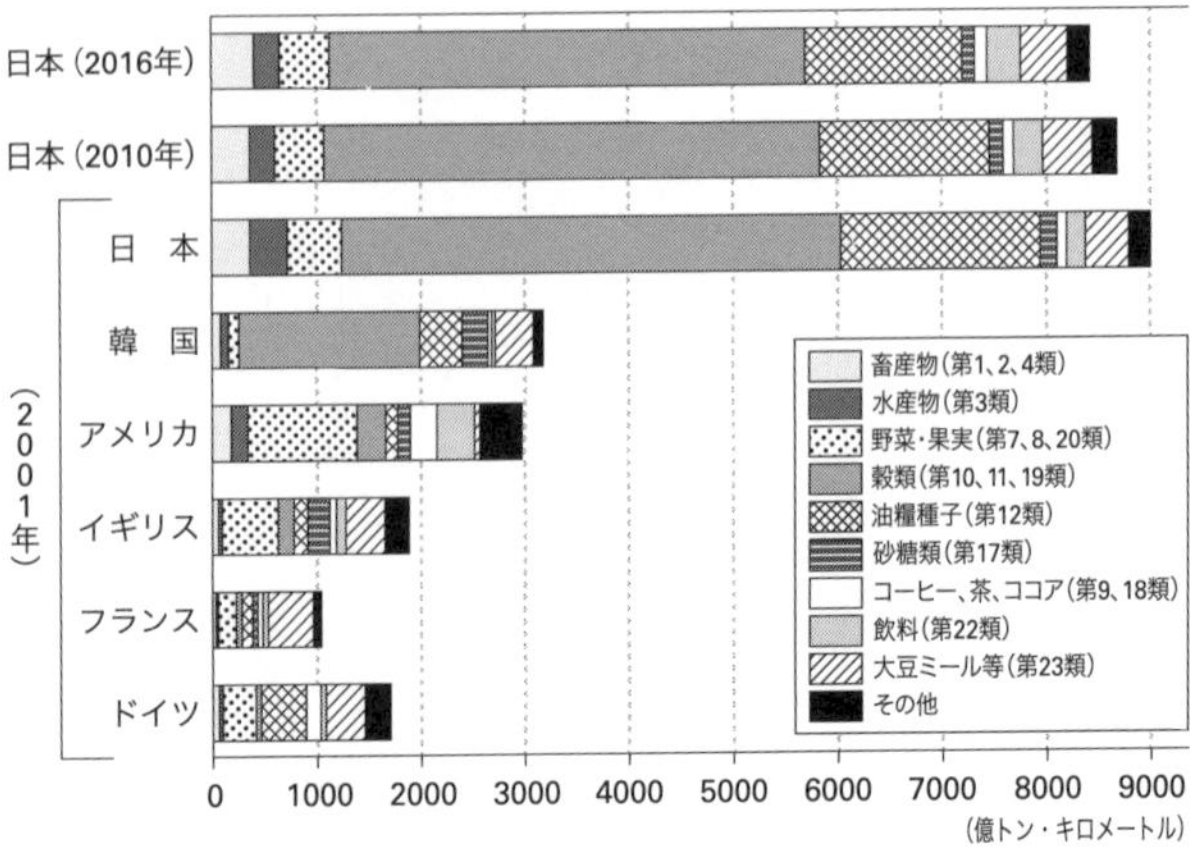

資料：ウェブサイト「フード・マイレージ資料室」https://food-mileage.jp

図表1-7　各国の輸入食料のフード・マイレージの比較

とがわかります。言い換えれば、国産や地場産を選択することで食料輸送に伴う環境への負荷が軽減されるということです。

また、食料の廃棄でも温室効果ガスが排出されます。２０１８年度の推計値を見ると、食品廃棄量２５３１万トンのうち、約24%に相当する６００万トンが「食品ロス」です（環境省「食品廃棄物等の利用状況等」）。食品ロスとは、まだ食べることができるのに廃棄された食品を指します。国民１人１日あたりの食品ロス量は、約１３２グラムで茶碗約１杯分のご飯の量に相当します。

「焼却・埋立等」は、１０５０万トンで約４割です。食品リサイクル法にもとづき、堆肥化や飼料化などが進む食品関連事業者からの事業系廃棄物は１７６５万トンで、そのうち「焼却・埋立等」が３４０万トンです。

一方で、一般家庭から排出される家庭系廃棄物は、７６６万トンのうち「焼却・埋立」が７１０万トンで約９割を占め、事業系廃棄物の２倍以上になります。家庭系廃棄物は分別が難しく、リサイクルシステムが確立していないという理由から、私たちの食卓から排出される食品廃棄物のほぼすべてが焼却、埋め立て処分されているのです。

「構造的暴力」への加担

『バナナと日本人』という本があります。フィリピンのミンダナオ島で、多国籍企業によるプランテーション（大規模農園）開発が現地の生活と自然環境を破壊する実態について記録したものです。サブタイトルにある「フィリピン農園と食卓のあいだ」でつくられる「構造的暴力」の構図を明らかにしました。

構造的暴力とは、平和学の概念で社会システムの中で構造化されている不平等を指し、「間接的暴力」ともいわれています。こうした構造的暴力のない状態を「積極的平和」と呼びます。

かつて高級品だったバナナは、豊かな食卓の象徴として普及し、今や最も身近な果物になりました。２０１９年の総輸入量は、約１０４万トンで輸入青果の中で断トツの1位、そのうち約8割がフィリピンからです（財務省「貿易統計」）。残念ながら、構造的暴力の現状は今も大きく変わっていません。

私たちの食卓にとって身近な大豆についても見ていきます。輸出量の世界1位は、ブラジルです。今や、アメリカを凌《しの》ぐ大豆の生産国です。ブラジルでは、多国籍企業がアマゾンやサバンナ地帯を開発し、大豆の生産が広がっています。２０１９年の輸入実績は、アメリカの約２４９万トンに次いで、ブラジルが約55万トンで2位です（財務省「貿易統計」）。

このような商品作物は、プランテーションで生産されるため、森林伐採や土地収奪を伴い、現地の生活を脅かす人権侵害や強制移転、農薬の過剰使用による健康被害、環境破壊、地域経済の衰退など様々な社会的、環境的、経済的な悪影響をもたらしています。

土壌の劣化

土壌の劣化も深刻です。農耕地の成立条件は、自然の中で最も安定した状態である森林の伐採です。森林を伐採すると、土壌の劣化が始まります。農業はこうした不安定な自然生態系を維持しなければ持続しません。そのため、有機物を投入して地力を高め、肥沃な土壌を人為的につくり出してきました。これが「土づくり」です。

ＦＡＯ（国連食糧農業機関）は、食料生産に必要な土壌の33％以上がすでに劣化し、２０５０年までに90％以上が劣化すると報告しています。土壌劣化とは、風食や降雨による水食のような土壌侵食、森林伐採、農薬や化学肥料の過剰使用、大型機械の普及など営農活動もその原因のひとつです。

食の海外依存は、土壌劣化を促す工業型農業のもとで成り立っています。こうした状況が続けば、先ほど見た気候変動と土壌劣化によって食料の生産条件がますます失われていくでしょう。土壌劣化を防ぎ、気候変動にも対応できる「レジリエンス（回復力）」な農業とそれにもとづくフードシステムの再構築が求められています。

食料の収奪

貧困層が拡大するアフリカ、南アジア、東南アジア、西アジアなどは、穀物の純輸入国です。南の地域は人口成長率が高く、経済成長に伴い穀物への需要が大きくなります。加えて、内戦や紛争など政治的要因、乾燥地域や自然災害の発生など資源、環境的要因によって農業生産が十分にできないことから輸入に頼らざるを得ない状況です。

　主要穀物の貿易率の割合について、２０１９／２０２０の数値（推計値）を見ると、米は約８・５％、トウモロコシは15・７％、小麦は25・１％、大豆は49％になります（USDA「World Markets and Trade」）。穀物の大半は自給用で、貿易に回る量は多くないのです。今後、食料生産の大幅な増加は見込まれず、異常気象などが加わると生産はさらに不安定化し、食料輸入の争いが激しくなるでしょう。

　国内に目を転じると、日本は食料自給率を上げるポテンシャルを持ち合わせているにもかかわらず、特に穀物の自給率が低く、大量に輸入しています。これは、穀物市場の不安定化を招くだけではなく、本来、食料を輸入しなければならない国々から食料を奪い、貧困の拡大を引き起こしているのです。しかも、大量の食品を廃棄しています。約６００万トンという食品ロスは、ＷＦＰによる世界全体の食料援助量約３２０万トンの約２倍に相当し、人道的な問題です。

１・３　ＳＤＧｓ時代の食と農

人類共通の目標としてのＳＤＧｓ

２０１５年９月の国連サミットでは、「持続可能な開発のための２０３０アジェンダ」が採択され、その具体的目標として「持続可能な開発目標」（Sustainable Development Goals：SDGs）が示されました。

ＳＤＧｓは、「誰一人取り残さない」社会の実現に向け、２０３０年までに達成すべき17のゴールと１６９のターゲットで構成されています。図表１-８（次ページ）は、ＳＤＧｓ17のゴールです。

持続可能な社会については、１９７０年代から国際レベルで議論されてきました。１９８7年に「持続可能な開発」の概念が提示され、１９９２年の地球サミットでは持続可能な開発の必要性が全世界で共有されました。

国連によると、持続可能な開発とは「将来の世代の欲求を満たしつつ、現在の世代の欲求

資料：国連広報センター「SDGs ポスター〈17のアイコン日本語版〉」

図表1-8　SDGs 17のゴール

も満足させるような開発」と定義され、将来の世代のことも考え、現在の世代の暮らしと社会をつくる長期的な視点に立っています。

ＳＤＧｓは、「社会」「経済」「環境」という3分野にもとづきゴールが設定され、各ゴールをひとつひとつ切り離すのではなく、それらがバランス良く循環しながら持続可能な社会の構築を目指している点が特徴です。

ドイツのベルテルスマン財団と持続可能な開発ソリューション・ネットワークが刊行している「持続可能な開発報告書」では、１６６か国のＳＤＧｓ達成度ランキングが発表されています。日本は、２０１９年が

15位、２０２０年は17位という結果でした。持続可能な社会に向けて、日本の取り組みはまだ十分とはいえないでしょう。

食と農がＳＤＧｓに大きく貢献

これまで見てきた通り、食の海外依存は国内外で多くの犠牲を生み出しています。これらは「社会問題」です。本章で取り上げた問題は一部に過ぎませんが、食と農はＳＤＧｓ17のゴールと直接的な接点を持っていることがわかります。

具体的には、「1．貧困をなくそう」「2．飢餓をゼロに」「3．すべての人に健康と福祉を」「5．ジェンダー平等を実現しよう」「8．働きがいも経済成長も」「9．産業と技術革新の基盤をつくろう」「10．人や国の不平等をなくそう」「11．住み続けられるまちづくりを」「12．つくる責任　つかう責任」「13．気候変動に具体的な対策を」「15．陸の豊かさも守ろう」「16．平和と公正をすべての人に」「17．パートナーシップで目標を達成しよう」です。

したがって、食と農のつながりの再構築は、持続可能な農業にもとづいて食卓と地球環境を守り育み、社会、経済、環境の循環をつくることで犠牲を小さくする「平和」な社会の実現につながるといえます。

こう書いてしまうと、グローバル化を否定しているように聞こえるかもしれませんが、そうではありません。食料や資源を奪い合い、人権を侵害し、環境を破壊する「冷たいグローバル化」ではなく、それぞれの地域、国で食料が自給できるフードシステムの構築に向けて知恵と経験を共有し合い、人々の交流、適正価格による公正な貿易などを広げる「温かいグローバル化」が必要ではないでしょうか。

つまり、グローバル化の中身が問われているのです。本書では、国内の取り組みしか取り上げることができませんが、ぜひ社会的に広がりを見せる「民衆交易」や「フェアトレード」の実践にも目を向けてください。

引用・参考文献

石井正子編著（２０２０）『甘いバナナの苦い現実』コモンズ

大野和興（２００４）『日本の農業を考える』岩波ジュニア新書

岸康彦（１９９６）『食と農の戦後史』日本経済新聞出版

国際環境NGO FoE Japan 気候変動・エネルギーチーム（２０２１）『気候変動から世界をまもる30の方法：わたしたちのクライメート・ジャスティス！』合同出版

鈴木宣弘（２０１３）『食の戦争：米国の罠に落ちる日本』文藝春秋

髙橋正郎監修、清水みゆき編著（２０１６）『食料経済 第5版：フードシステムからみた食料問題』オーム社

鶴見良行（１９８２）『バナナと日本人：フィリピン農園と食卓のあいだ』岩波新書

長坂寿久編著（２０１８）『フェアトレードビジネスモデルの新たな展開：ＳＤＧｓ時代に向けて』明石書店

中田哲也（２０１８）『フード・マイレージ 新版：あなたの食が地球を変える』日本評論社

日本土壌肥料学会編（２０１５）『世界の土・日本の土は今：地球環境・異常気象・食料問題を土から見ると』農山漁村文化協会

農民運動全国連合会編著（２０２０）『国連家族農業10年：コロナで深まる食と農の危機を乗り越える』かもがわ出版

平井朗・横山正樹・小山英之編（２０２０）『平和学のいま：地球・自分・未来をつなぐ見取図』法律文化社

古沢広祐（２０２０）『食・農・環境とＳＤＧｓ：持続可能な社会のトータルビジョン』農山漁村文化協会

松尾康範（２０１８）『居酒屋おやじがタイで平和を考える』コモンズ

松平尚也（２０２０）「ポストコロナの食と農を思考すること：資本主義的食料システムに対峙する」『現代思想』48（10）、青土社、pp.25-34

結城登美雄（２００８）「自給する家族・農家・村は問う」山崎農業研究所編『自給再考：グローバリゼーションの次は何か』農山漁村文化協会、pp.91-105

第2章

この時代に農業を仕事にするということ

第2章では、農業に向けられる好意的なまなざしを踏まえ、新規就農者の現状と特徴を見ていきます。農業者の高齢化が進む中、非農家出身、かつ若い独立就農者が増加しています。その動向に焦点を当て、就農ルートの多様化の実態、多彩な経営タイプの姿とサポートのあり方について考えていきましょう。

２・１　変わる農業への「まなざし」

「ネガティブ」に語られる農業

農業就業人口は、急速に減少しています。戦後の日本農業の中心的な担い手として引っ張ってきた昭和ヒトケタ世代（１９２６～１９３５年生まれ）が２０１５年に全員80代となり、その引退と世代交代が差し迫った課題として議論されています。

農業はかつて「きつい」「汚い」「かっこ悪い」の頭文字を取って「３Ｋ」と呼ばれていました。高度成長期から安定成長期に入ると、大学から企業への間断なき移行による「総サラリーマン化」が進む中、農業に向けられるまなざしは冷たくなり、悲観的に語られるようになっていきました。それは、農業者自身も同じでした。

私は、長野県塩尻市で小さな農業を営む農家出身です。祖父母は米、アスパラ、ぶどうなどを栽培する専業農家、父親はサラリーマン、母親は個人事業主です。すでに祖父母は亡くなりましたが、両親は農繁期の人手が必要な時に手伝うだけで、父親は定年後も仕事を続け、夫婦で自給用と家族や親戚へのお裾分け用に畑を耕しています。この姿は、地方ではごくごく当たり前の姿でしょう。

父親は１９５０年前半の生まれで都内の大学に進学し、Ｕターン就職しました。祖父も「農業を継げ」とは言わずに就職を勧め、父親も農業を仕事にするという選択肢はあったとしても、「選択しなかった」と言います。私の世代になると、農業は「祖父母がするもの」という意識が強く、仕事の選択肢にすら入らず、周囲を見ても継いでいる後継者はほとんどいません。私のように地域を出てしまうか、地元に残って就職したとしても、農業を手伝うことは稀です。

私は祖父が行っている農業に関心を持ち、仕事の選択肢に入れていましたが、「今さら農業やったって」という両親の意向もあり、大学への進学を機に関東に出てきました。このように、農家が農業を否定的に語ることは少なくありません。「農業をしたい」と考えても、「農業は儲からない」「農業は継ぐものではない」と一蹴されます。継がせたくても自分から「やってみないか」と言えない事情もあるでしょう。改めて考えてみると、農家自身が自らの仕事を否定するわけですから、内部から崩れていくような危機的な状況といえます。

高度成長期以降、「産業化」と「都市化」を重視する社会へと大きく変化し、企業で働くことが一般的になる中で、「工業に比べて農業は生産性が低い」「もう農業の時代ではない」「都市は進んでいて、農村は遅れている」などという意識や価値観が人々の中に形成されていったと考えられます。

1961年に制定された農業基本法の政策理念は、「他産業との生産性の格差が是正されるように農業の生産性が向上することおよび農業従事者が所得を増大して他産業と均衡する生活を営むこと」でした。すなわち、ひとつの産業として自立できる農業の育成というこの時代の価値観を象徴する方向性が打ち出されたのです。

農業に向けられる「ポジティブ」なまなざし

経済的、物質的な豊かさを追い求める社会の「均質化」に対し、風穴を開けるように、農業に飛び込む人たちが現れます。１９７０年代以降、非農家出身者が農村に移住して農業を「意識的」に始めるようになり、１９８０年代以降になると社会的な広がりを見せていきます。

このような「都市から農村へ」という動きもまた、農村と都市、農業と工業を比較する中でつくられました。この間、長時間労働や過労死、通勤時間の増大、競争社会や企業の歯車となるような働き方への疑問など、企業社会の綻びが見え始めたのです。

その後、バブル経済が崩壊すると、１９９０年代半ば以降は雇用の劣化が常態化し、企業で働くことがその人、家庭の生活を保障する時代ではなくなりました。社会の形は「流動化」するようになり、加えて、ＡＩやロボットに仕事を代替される可能性も大きくなっています。

このような状況の中、企業で働くことを絶対視せず、農業や農村で働くことをひとつの選択肢に入れ、選び取る人たちが現れます。同時に、地球環境問題や国際協力への関心など

「地球市民」としての意識も農業を選択する入口になりました。

現在では、当たり前のように「農業もいいな」「いつか農村で生活したい」と仕事や暮らしの選択肢に入っているように感じます。実際、こうした憧れを抱く学生が多くいます。

私は大学院を休学し、２００７年３月から１年間、埼玉県比企《ひき》郡小川町にある「霜里《しもさと》農場」で有機農業の研修を行いました。同時期に住み込み研修をしていた４名全員が20～30代で、１名は大学卒、３名は脱サラでした。私以外は全員非農家出身で、研修後に就農しています。何よりも驚いたのが独立就農を目指すだけではなく、自然や地域とのつながり、生き方などを強く意識していたことです。同世代の価値観の変化が私も含めて広がっていることを実感できました。

農家の後継者の意識も変化し始めています。「長男だから」「後継者だから」継ぐのではなく、農業を自らの仕事として選択して仕事にしているのです。日本農業経営大学校の学生の大半は、農家出身の後継者です。卒業後は、両親との対立や協調という緊張関係を繰り返しながら、新しい作物の導入や販売先の開拓など自分なりの農業の形を模索しています。

また、地域貢献志向が強い若い世代が増え、社会課題解決のひとつの糸口として農業と連携する動きも見られます。若い世代にとって、農業への関心、関わり方は多様に広がっているといえます。

現在、コロナ禍を背景に、農村地域、千葉県や埼玉県など都市近郊地域への移住、二地域居住にも注目が集まっています。都市生活の脆弱性が顕在化したのと同時に、テレワークが働き方として普及したことが大きな要因です。ただし、それ以前から農村への移住者の増加、関心の高まりを考えると、コロナ禍がその背中を押しているのでしょう。受け入れ地域では、就農オンラインツアーや個別相談会などを積極的に行っています。

このように、農業にポジティブなまなざしが向けられる中、農業をどのように仕事にするのか、実際に就農した人たちがどのような農業をしているのか、その現状を見ていきましょう。

2・2　新しく農業を始める人たち

農業の始め方

「新規就農」という言葉を聞いたことはあるでしょうか。これは文字通り、「新しく農業を

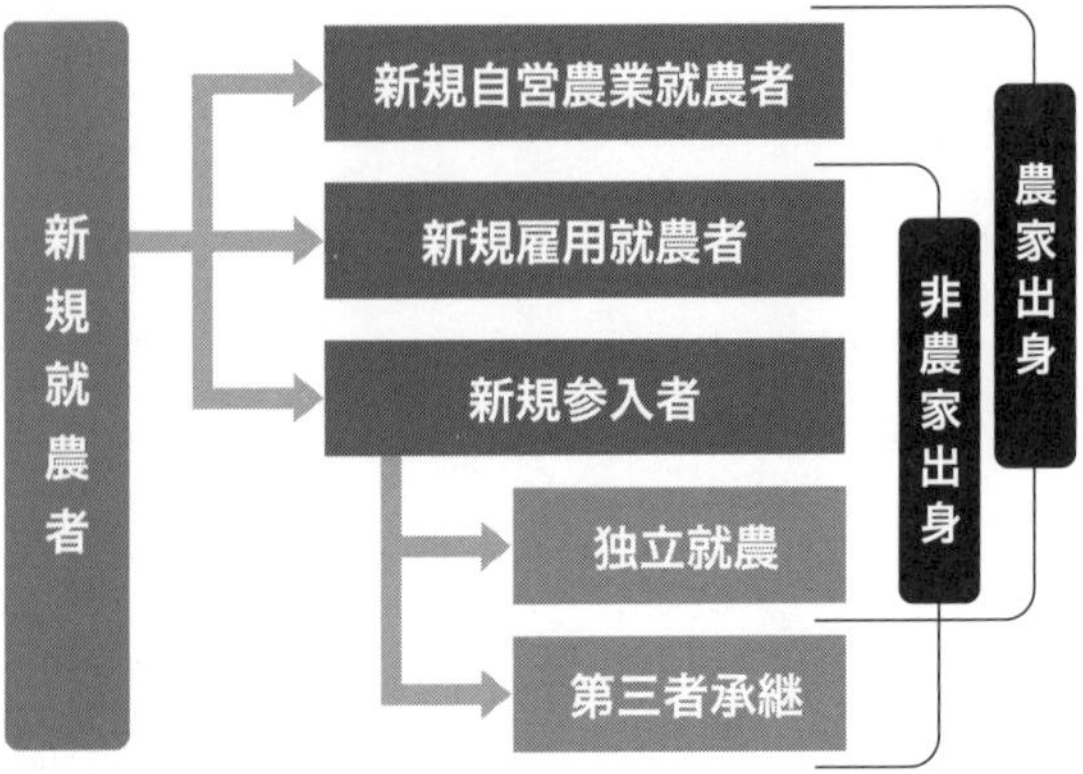

資料：筆者作成

図表2-1　新規就農者の就農形態

仕事にする」ことを指します。

図表2-1は、新規就農者の就農形態です。農林水産省の定義によると、新規就農者は「新規自営農業就農者」「新規雇用就農者」「新規参入者」の三つに分けられ、新規参入者はさらに「独立就農」「第三者承継」という形態があります。

新規自営農業就農者とは、家族経営の世帯員で、親元に戻って自営農業に従事する人のことです。「Uターン就農」といわれます。新規雇用就農者とは、新しく法人などに常雇い（年間7か月以上）され、農業に従事する人のことです。農業法人などの従業員として働くことで、企業に就職することと同じです。新規参入者とは、土地や資金などを自ら調達し、新しく農業経営を始める人のことです。「Iターン就農」といわれます。そのうち、独立就農は経営資源を独自に調達すること、第三者承継は既存経営の資源を引き継ぐことです。

一般的に、新規参入者は独立就農を指しますが、近年、第三者承継にも注目が集まっています。独立就農の場合、就農が安定するまでに技術の未熟さや所得の低さなど経営面で様々な課題を抱えます。一方で、既存経営の場合、安定していても、後継者がいなければ廃業せざるを得ません。その両者をマッチングし、既存の経営を守りつつ、新規参入者の定着を図り、発展させていく取り組みです。

一昔前までは「農業は農家の長男、子弟が継ぐもの」というイメージが持たれていましたが、今という時代は、非農家出身者であっても、農業という仕事を選択できる環境が整っています。農家の後継者も含め、「農業の後継者」が全国で誕生しているのです。

非農家出身、農家出身の就農の形

非農家出身者の就農形態を詳しく見ると、祖父母が営んでいる（営んでいた）農業を継承したり、継承しなくても祖父母の姿に憧れ、就農するというパターンも私の周辺ではよく見られます。これは、「孫ターン」といわれる「一つ世代飛ばし」の就農です。

このような動きの背景には、若い世代の価値観の変化があります。実際に私もそうで、サラリーマンとして働く父親の姿を尊敬はしていましたが、憧れは抱かず、黙々と農業に勤しむ祖父の背中を追っていました。

非農家出身者の中には、農家の後継者との結婚を機に就農し、経営を継承するパターンもあります。結婚を機に就農と聞くと、女性のほうをイメージしがちですが、男性も同じです。農家出身者はどうでしょうか。親元に戻って就農しますが、雇用就農を経て、技術や経営の経験を積んでから就農するパターンがあります。就農したとしても親とは異なる作物の栽培、販売先の開拓などもあり、親と完全に異なる経営を行う場合は、独立就農になります。独立就農の場合は、親が農業からリタイアするなど何かしらのきっかけで、経営を統合することが多いでしょう。

また、同じ家族経営の世帯員の中でも、長男が後継者になるとは限りません。農家子弟のライフコースは多様化しています。複数の子弟がいる場合は、長男以外が継いだり、女性の後継者が継ぐこともあります。あるいは、兄弟（姉妹）で共同経営することもあるでしょう。これは一部に過ぎませんが、農家の後継者の中でも多様な就農パターンが生まれているのです。後継者が誰も継がない場合は、親族や法人化して雇用することも考えられます。

存在感を増す「雇用就農」と「新規参入」

このような就農形態を踏まえ、新規就農者の動向を見ていきましょう（農林水産省「新規就農者調査」）。

図表２-２（次ページ）は、就農形態別新規就農者数の推移です。まずは、全体の動向を見てみましょう。最も新規就農者が少ないのがバブル経済期の１９９０年で１万５７００人でした。その後、新規就農者数は増加傾向にあり、２００６年には８万１０３０人、その後減少し、近年は毎年５万〜６万人台で推移しているところです。

新規就農者は、２０１９年時点で５万５８７０人、そのうち新規自営農業就農者が４万２７４０人で76・４%を占めています。大半が新規自営農業就農者ですが、その数、割合ともに減少傾向にあります。一方で、新規雇用就農者と新規参入者は小さな存在ですが、その数、割合ともに大きくなっています。その中でも新規参入者の推移を見ると、２００７年の１７５０人から増加傾向にあり、ここ５年ほどは３０００人台です。

	年	2010	2011	2012	2013	2014	2015	2016	2017	2018	2019
	新規就農者計	54.6	58.1	56.5	50.8	57.7	65.0	60.2	55.7	55.8	55.9
就農形態別	新規自営農業就農者	44.8	47.1	45.0	40.4	46.3	51.0	46.0	41.5	42.8	42.7
	うち49歳以下	10.9	10.5	10.5	10.1	13.2	12.5	11.4	10.1	9.9	9.2
	新規雇用就農者	8.0	8.9	8.5	7.5	7.7	10.4	10.7	10.5	9.8	9.9
	うち49歳以下	6.1	7.0	6.6	5.8	6.0	8.0	8.2	8.0	7.1	7.1
	新規参入者	1.7	2.1	3.0	2.9	3.7	3.6	3.4	3.6	3.2	3.2
	うち49歳以下	0.9	1.2	2.2	2.1	2.7	2.5	2.5	2.7	2.4	2.3
年齢別	39歳以下	13.1	14.2	15.0	13.4	15.3	16.1	15.4	14.6	12.8	11.3
	40〜49	4.8	4.4	4.3	4.6	6.6	7.0	6.7	6.2	6.5	7.3
	50〜59	9.2	8.2	7.8	6.1	9.2	9.7	7.8	8.6	7.4	12.0
	60〜64	18.2	21.1	17.6	14.9	13.9	15.9	13.5	10.8	12.3	8.7
	65歳以上	9.2	10.2	11.8	11.9	12.7	16.4	16.9	15.5	16.8	16.7

（単位：千人）

資料：農林水産省「新規就農者調査」より筆者作成

図表2-2　就農形態別新規就農者数の推移

新規自営農業就農者の就農以前の就業形態を見ると、98・5%が他の仕事から自営農業に従事する「離職就農者」です。離職就農者は、学校を卒業した後、すぐに親元には戻りません。他の仕事に就き、定年もしくはその前に退職して就農します。先ほど見た通り、親元に戻る前に雇用就農や農業研修、教育機関での学修を経ることもあります。

新規自営農業就農者の中で新規学卒就農者はごくわずかですが、新規雇用就農者の就農以前の就業形態を見ると、学生が21・9%で就職先のひとつの選択肢になっていることがわかります。近年、非農家出身者にとって、雇用就農という受け皿が新規就農をより身近な存在にしているのです。

雇用就農の受け入れ先は、家族経営から農業法人（株式会社、合同会社、農事組合法人、ＮＰＯ法人、一般社団法人）まで、その経営規模も大小様々です。例えば、農林水産省によると、常雇い数を見ると、２０２０年時点で15万６７００人です。そのうち、49歳以下の占める割合は51・３％で、若い世代が支えています（農林水産省「２０２０年農林業センサス」）。

新規参入者については、同じようなデータはありませんが、新規学卒就農は極めてハードルが高く、他の仕事からの離職就農が大半です。

非農家出身の若い世代から期待される農業

続いて、年齢別の新規就農者の動向についてです。２０１９年時点で、65歳以上が29・９％、49歳以下の若い世代も33・２％で、この年齢層は毎年一定数の就農者数を維持し、全体に占める割合を増加させています。

ここでは、49歳以下の動向に注目してみましょう。就農形態別で見ると、新規自営農業就農者数が減少する一方で、新規雇用就農者と新規参入者は増加傾向にあります。その割合は、新規自営農業就農者が49・５％に対し、新規雇用就農者が38・２％、新規参入者が12・４％

です。新規就農者全体と比較しても、新規雇用就農者、新規参入者の割合が大きいことがわかります。

また、非農家出身は新規雇用就農者のうち６３９０人となり、これに新規参入者の２２７０人を合わせると８６６０人です。この数は、49歳以下全体で46・７％を占め、新規就農者全体を見ても15・５％になります。

新規就農者の主力は、定年退職したリタイア層と定年退職前の層です。同時に、雇用就農者と新規参入者は、非農家出身の若い世代から支持を受けて広がり、存在感を増しています。独立就農者を例に、その姿を見ていきましょう。

２・３　独立就農した若い世代の姿

日本農業経営大学校を卒業後、有機農家へ：荒木健太郎さん

荒木健太郎さんは１９８４年生まれ、大阪府出身です。高校３年生の時に農業を志し、そ

の頃からの夢が「農業自給大国・日本」でした。神戸大学を卒業後、農薬関連企業の法務部に４年間勤務し、「日本農業経営大学校」（運営母体：一般社団法人アグリフューチャージャパン）の１期生として入学しました。

日本農業経営大学校は東京都港区にあり、２０１３年４月に開校した農業経営者を育成する教育機関です。１学年の定員が20名、２年間の全寮制で卒業後すぐに就農する40歳以下の学生が学んでいます。卒業研究は、経営理念やコンセプト、中長期の収支シミュレーション、将来展望などを踏まえた経営計画の作成です。

荒木健太郎さん
（写真提供：本人）

荒木さんは、日本農業経営大学校への入学を決めると、土日祝日を利用して埼玉県小川町で有機農業を営む霜里農場に通い始め、会社を退職すると入学までの１か月半は住み込みで研修を行いました。入学後も研修を継続して土日祝日に通い、１年次の農業実習では約４か月の住み込み研修を行い、現場感覚を掴んでいったのです。

２年次の企業実習では、岩手県下《しも》閉伊《へい》郡岩泉町で山地酪農（自然放牧）を営む「なかほら牧場」や、三重県北《きた》牟婁《むろ》郡紀北町で林業を営む「速水林業」でも研修を行いました。在学中は、座学と実習を組み合わせながら、農業経営、農業技術、農村地域に関する知識を習得し、様々なつながりをつくれたこともこの2年間の成果のひとつです。

就農動機は、「身体を動かすのが好きなこと」「担い手が減少し、ビジネスチャンスであること」「食料自給が必要なこと」「現代社会の問題の解決策が農業にあること」などで、地域に根ざして農業を経営していくことを目指しています。

２０１５年3月に、兵庫県たつの市新宮町香島地区の香山集落で就農しました。たつの市は母方の祖母と伯母が暮らす地域で、孫ターンです。

荒木さんは、入学してすぐに香島地区の農業法人、県の就農支援センターや普及所の新規就農担当、市の農政課を訪ね、就農地探しを始めます。その後、1年間ほど他の地域でも探しましたが、「つてがないところで就農地を探すのは大変であることを痛感」し、伯母に相談すると、祖母が暮らす集落の自治会長のつながりで就農地として決めることができました。

その後、たつの市を何度も訪ね、関係者と協議した結果、正式に農地と住宅、山林の貸借や売買が決まりました。農業法人の代表や就農先の自治会長からは、農地の集積や最低限必要な農業倉庫や農機の確保などのサポートを得て、就農のスタートラインに立ったのです。

荒木さんが代表を務める「けんたろう農園」は、有機農業で稲作と少量多品目の野菜を栽培しています。経営面積は、水田１・２ヘクタール、畑地20アールから２０２１年時点で水田２・８ヘクタール、畑地30アール、果樹園20アールまで拡大しました。米と野菜は、直接消費者や飲食店に出荷し、マルシェやお祭などイベントにも出店しています。

また、地元にあるコミュニティＢＡＲでは、「けんたろう農園presents農家Ｂａｒ」を定期的に開催し、自家の農産物を使用した料理を自ら振る舞い、消費者との交流にも積極的です。２０２１年４月のメニューは、大根サラダ、たけのこのチーズ焼き、ネギチヂミ、サツマイモのバター焼き、ネギ味噌、おにぎりでした。

「農業自給大国・日本」を目指して様々な取り組みを行っている荒木さん
（写真提供：本人）

２０２２年には、自宅の母屋を改修した古民家の農家レストラン「香山わいがや食堂」をオープンし、より地域に根ざした農園を目指しています。農家Ｂａｒも、自宅横に移転する予定です。

事業の多角化にも取り組んでいます。大阪府箕面《みのお》市で６次産業化（１４７ページ参照）

を行う法人を共同で設立し、アンテナショップとしてオーガニック八百屋の立ち上げ、各地のこだわりの有機農産物を使用したコールドプレスジュースの商品化などです。こうしたビジネスは、日本農業経営大学校在学中につくったつながりから生まれました。

地域おこし協力隊を経て、ぶどう農家へ：鈴木寛太さん

鈴木寛太さんは1991年生まれ、東京都出身です。神奈川大学に進学し、大学が主催する震災復興ボランティアに参加したことが背景にあります。神奈川大学は、東日本大震災の被災地支援活動として、2011年4月から「KU東北ボランティア駅伝」というプロジェクトを6年間実施しました。当時2年生だった鈴木さんは先輩から現地での話を聞き、さらに先生からの勧めもあり、これまでボランティアの経験はまったくありませんでしたが、参加を決意したそうです。

KU東北ボランティア駅伝は、木曜日の夜に高速バスで出発し、2日目は現地視察、3〜4日目がボランティア活動を行うという行程で、1週間に1便運行していました。活動地域は、2011〜12年度は岩手県遠野市、2013〜16年度は岩手県陸前高田市でした。

鈴木さんは、２０１１年９月から卒業まで７回ほど参加し、「リピーターの中でもヘビーユーザー」だったそうです。現地の方々と知り合い、交流する中で「その時に初めて人に必要とされているっていうことを考え始めたら、関わり続けるということが自分にとっても、この地域にとっても、東北にとってもいいことにつながっていくのかなと思った」と言います。

卒業するとＩＴ会社に就職しましたが、プライベートで岩手県を訪問していました。その後、知り合いから花巻市で「地域おこし協力隊」の募集があることを聞き、応募した結果、２０１５年８月に「花巻市地域おこし協力隊」の１期生として着任しました。活動地域は県の中心部に位置し、ぶどうとワインの里として有名な大迫町です。県内で最も古いワイナリー「株式会社エーデルワイン」があります。

鈴木さんは、ぶどうの生産振興をミッションに掲げ、農家を１軒１軒訪ね歩きました。ヒアリングやアンケート調査を重ねて地域農業の現状と課題を把握したのです。活動のひとつが「ぶどうつくり隊」の運営で、労力を必要とする農家に援農ボ

鈴木寛太さん
（撮影：Fumika Ashikaga）

学生にぶどうの収穫方法を教える鈴木さん（撮影：筆者）

ランティアを派遣する仕組みづくりを行いました。

隊員として活動中、地域、農家との関係性を深め、２０１８年５月に独立就農を果たしました。同年７月、３年間の任期を終了すると、２０２１年３月末まで「集落支援員」として花巻市役所大迫総合支所に勤務し、現在は農業を軸に生計を立てています。

鈴木さんは、生食と醸造用のぶどうを栽培し、農協やエーデルワインに出荷しています。経営面積は、10アールから２０２１年時点で１ヘクタールまで拡大しました。酒類販売免許を取得し、オリジナルワイン「ＫＡＮＴＡ ＷＩＮＥ」の個人販売も手掛けています。さらに、教育旅行や大学生の受け入れなど都市農村交流にも積極的で、民泊「かんたはうす」をオープンしました。かんたはうすのコンセプトは、「鈴木寛太の友人の友人のみ受け入れ」です。農業との両立を考え、無理のない範囲で顔がわかる友人に限定しています。

私が所属する学部では、独自の地域連携型アクティブラーニングを実施しています。そのひとつに、私が企画した「農村ツーリズム in 岩手県花巻市大迫町」があります。鈴木さんが現地コーディネーターとして受け入れを担当し、２泊３日で農業体験や地域活性化などを学ぶプログラムです。農業体験は、参加学生が全員「箱作り――→収穫――→選別――→出荷」という一連の流れを体験し、ぶどうが出荷されるまでの仕組みや鈴木さんのぶどうづくりへの思いなども聞きながら、食卓と生産現場のつながりについて学ぶことができました。

「段階的」かつ「戦略的」な就農

荒木さんと鈴木さんは、非農家出身という同じ出発点で、自己実現や地域・社会貢献という意識で農業を選択している点も共通しています。ただし、就農を志した背景やそのルートは異なります。

荒木さんは、高校時代にすでに就農を志し、日本農業経営大学校で必要な知識と経営感覚を掴み、就農後の販売先やビジネスパートナーなど多様な人たちとのつながりもつくりました。同じ学校で学んだ同期生とは就農後も情報交換を行い、切磋琢磨しています。若い農業者が少ないことを考えると、この仲間は何ものにも代えがたい財産です。同時に、この２年間で親戚のサポートを得ながら就農地を探し、人間関係をつくりながら農地や住宅を確保しました。

鈴木さんは、地域おこし協力隊員として活動する中で定住を決意し、農業を仕事として選択しました。活動中は、ぶどうの生産振興、農作業に加え、様々な地域活動にも参加し、3年間で信頼関係をつくってきました。その過程で農地を借り、就農を果たしたのです。ぶどうのような果樹の場合、新しく苗の定植から始めると、収穫できるまでに数年はかかり、別の収入源が必要になります。鈴木さんが収穫可能なぶどう畑を借りることができたのも、地域や農家との信頼関係をつくっていたからでしょう。さらに、地域おこし協力隊員のミッションとして都市とのつながりをつくることが挙げられます。鈴木さんは、この間、農業体験の受け入れやSNSでの発信など大迫の魅力をアピールしてきました。そのようなつながりをうまく活用し、現在、ぶどうやワインの販売にもつなげています。

独立就農には、経営資源（農地、資金、機械、施設、作業場、営農技術など）と生活資源（住宅、生活情報など）に加え、人間関係や地域からの信用力を自ら調達しなければなりません。独立就農者は、農家の後継者と比べて就農のハードルが高く、まずはこのスタートラインに立てるかがポイントです。

荒木さんも鈴木さんも、決意してからすぐに就農するのではなく、段階的に準備を進めて必要な資源を確保し、地域や農業という仕事に対して戦略的に「軟着陸」しています。それが結果として、スムーズな農業の開始につながっているのです。

就農ルートの多様化

段階的な就農は、独立就農希望者にとって一般的なプロセスとなりました。これは、独立就農をサポートする多様なルートが整備され、「選択肢」があるということです。

図表２‐３（次ページ）は、独立就農に至る主なルートです。一番上のルートのように、すんなり就農できればいいのですが、経営資源や生活資源の確保という障壁を緩和するために、複数の就農ルートが形成されています。

主に、「研修──→独立就農」「雇用就農──→独立就農」「教育機関──→独立就農」「地域サポート人材──→独立就農」に分けられます。

独立就農の前に農家で研修を受けるのが最もオーソドックスです。荒木さんは、研修と教育機関の組み合わせで就農しました。農業法人や農協などが独立就農をサポートする独自のプログラムも広がりを見せています。研修は、「住み込み型」と「通い型」に分かれ、中に

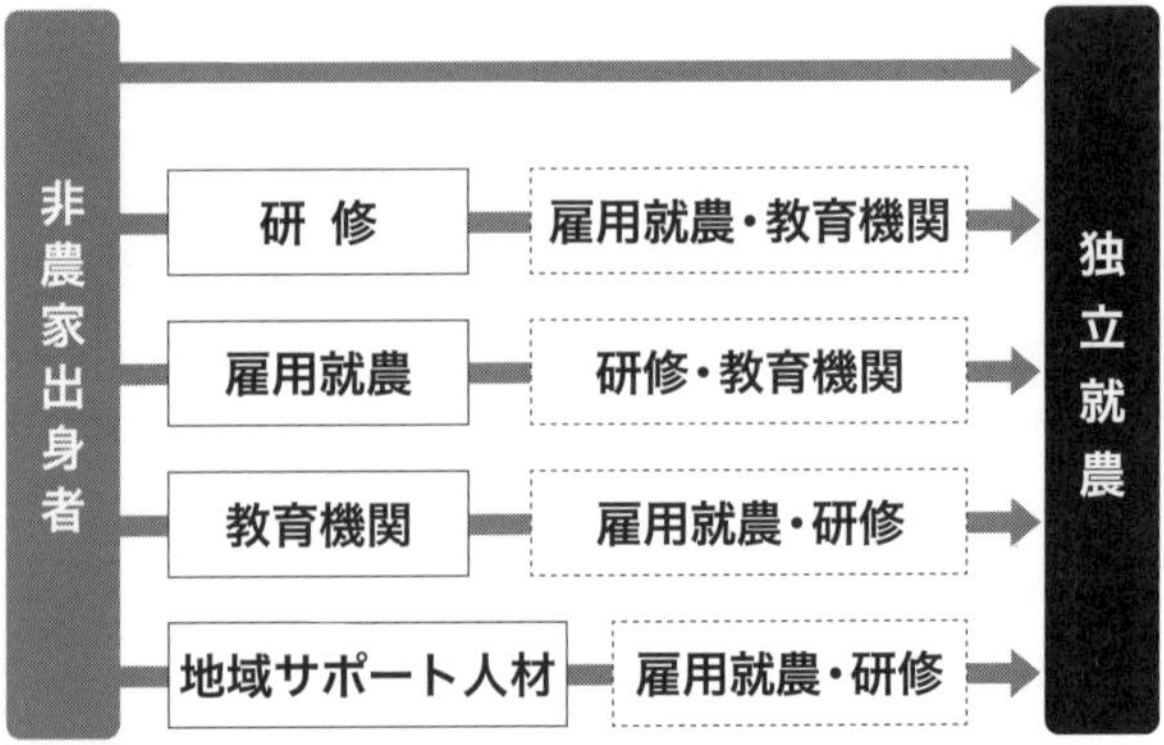

資料：筆者作成

図表2-3　独立就農ルートの類型化

は研修生用の宿泊施設を準備している受け入れ先もあります。

農業教育や農業経営者教育を行う教育機関は、農業高校、大学農学部、42道府県に設置されている公立の農業大学校のほか、民間でも日本農業経営大学校や「アグリイノベーション大学校」（運営母体：株式会社マイファーム）などが設立されています。

教育機関を卒業後（修了後）すぐに独立就農するには、荒木さんのように就農地の候補を決めるなど入学前からの準備が大切です。ただし、在学中に農地や住宅を確保することは時間的な制約もありハードルが高く、実際は雇用就農や研修を経て独立就農するパターンが大半です。

鈴木さんが選択した地域おこし協力隊は、地域外からの人材（外部人材）の活用を指す「地域サポート人材」の代表的な取り組みになります。近年、こうした地域サポート人材の活動を経て、就農するパターンも多く見られるようになりました。最初から就農を目的に、地域おこし協力隊を選択する人もいます。

地域おこし協力隊と就農の親和性

地域おこし協力隊は、都市地域から過疎地域などに生活の拠点を移し、地方自治体から委嘱を受けて地域協力活動に取り組んでいます。活動期間は、おおむね１年以上３年以下です。地域おこし協力隊の報償や活動費のうち一定額については、国から特別交付税による措置がなされます。

２００９年度に89名の隊員、31の自治体で始まり、２０１９年度時点で５３４９名の隊員、１０７１の自治体にまで広がりました。２０１９年３月31日までに退任した隊員は、５６９３名です。男女比は６：４、20～30代が約７割、40代を含めると約９割を占めています（総務省「令和元年度における地域おこし協力隊の活動状況及び地域おこし協力隊のこれまで10年間の取組状況に係る調査結果」）。

図表２‐４は、任期中の主たる活動内容です。「農畜産業、林業、漁業への従事」が８９７名で最も多く、ほぼ同じ数で「地域コミュニティ活動」が続いています。その他にも、情報発信や観光、教育、都市農村交流、イベント企画、マーケティングなど多彩な活動を行っていますが、間接的に第一次産業と関わる活動が多いといえます。

自治体の中には、農業支援員のような形で隊員を受け入れ、農家のもとで研修後、独立就農までサポート体制を整えるケースや、活動期間中、農業に従事しなくても、自ら農地を借りて農的暮らしを実践する隊員の姿も見られます。

５６９３名のうち、「活動地と同一市町村内に定住」した隊員が２５６１名で約45%、「活動地の近隣市町村内に定住」５６７名を含めると３１２８名で、約55%が同じ地域に定住しています。定住者の仕事を見ると、任期終了直後、現在ともに同一市町村内に定住した者のうち、「就業」が１１１１名（43・４%）、「起業」が８９４名（34・９%）です。起業については、任期終了後に支援制度もあります。「農業」は２６６名（準備中、研修中も含む）で、約１割です。

就業には、「農林漁業（農業法人、森林組合等）」が87名います。起業にも、「飲食サービス業（古民家カフェ、農家レストラン等）」１５５名、「宿泊業（ゲストハウス、農家民宿等）」１

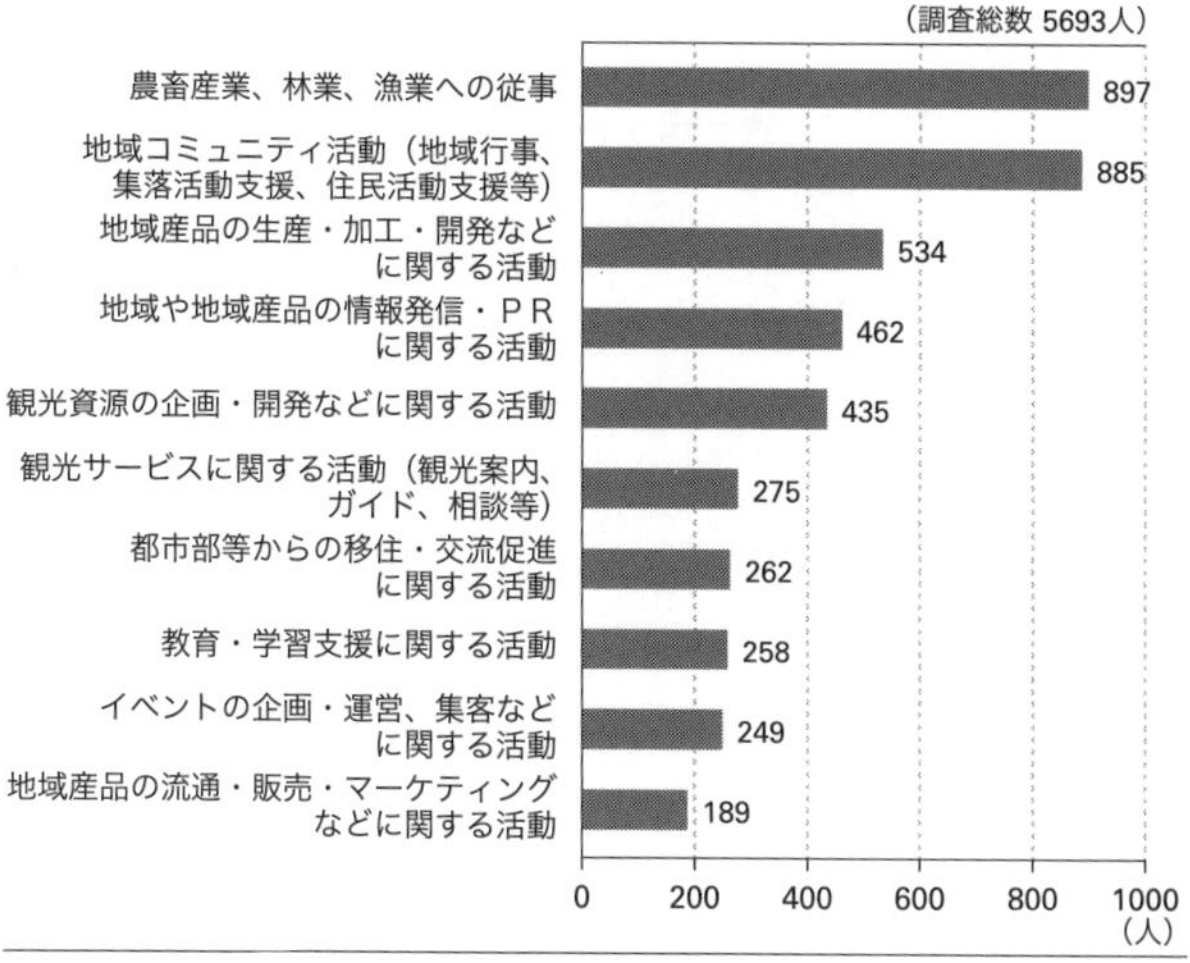

資料：総務省「令和元年度における地域おこし協力隊の活動状況及び地域おこし協力隊のこれまで10年間の取組状況に係る調査結果」より筆者作成
注：上位10の回答のみ。

図表２-４　任期中の主たる活動内容

０７名、「６次産業（猪や鹿の食肉加工・販売等）」80名、「小売業（パン屋、ピザの移動販売、農作物の通信販売等）」73名で、農業と間接的に関わる仕事が上位を占めています。

　隊員の活動や暮らし、定住後の仕事を見ると、農業と親和性があることがわかるでしょう。独立就農を目指す人にとって地域おこし協力隊は魅力的な制度として映り、高い関心が寄せられているのです。

2・4 独立就農者の姿

独立就農者の経営タイプ

独立就農と聞くと、「農業だけで生計を立てている」とイメージしがちですが、必ずしもそうではありません。日本農業全体の姿と同様、独立就農者の姿も多様です。私がこれまで独立就農に関する調査を行ってきた中で、その姿は大きく四つのタイプに類型化することができます。

図表2‐5は、独立就農者の経営タイプです。

一つ目は、「専業」です。農業が世帯の仕事の中心で、農業で生計を立てている人たちです。荒木さんは、このタイプです。

二つ目は、「兼業」です。複数の仕事の中で農業が世帯の仕事の中心にある人たちです。このタイプは、さらに二つに分かれます。ひとつが「専業志向」タイプで、将来的に農業専業を目指す人たちです。「本当は農業専業で生計を立てたいが、まだ経営が安定化しないた

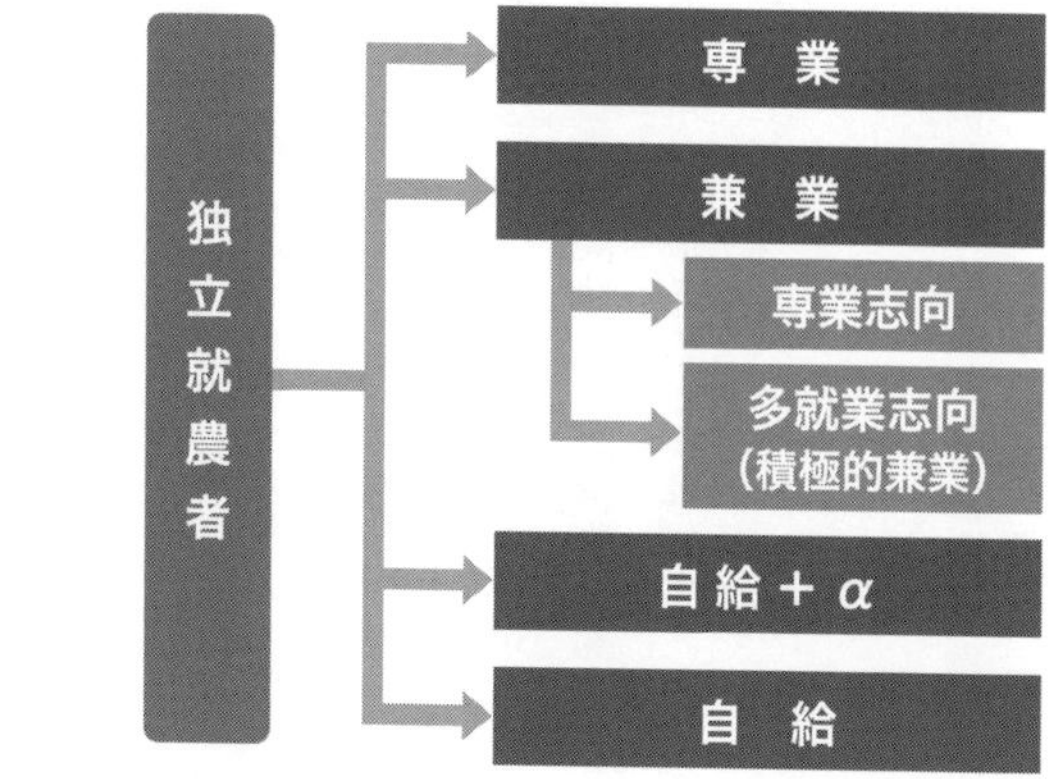

資料：筆者作成

図表2-5　独立就農者の経営タイプ

め、農外収入に頼るしかない」という理由から、副業を消極的に位置付けています。もうひとつは、「多就業志向」タイプで、「積極的兼業」と言い換えることができます。専業を目指すのではなく、農業以外の仕事を組み合わせて生計を成り立たせ、そのひとつひとつの仕事に積極的な価値を見出している人たちです。鈴木さんは、このタイプになります。

三つ目は、「自給＋α」です。農業以外が世帯の仕事の中心ですが、農産物も販売している人たちです。農産物直売所やレストランなど小さな販売先をつくっています。

四つ目は、「自給」です。農業以外が世帯の仕事の中心で自給のみです。これは、完全に自給だけということではなく、余剰を家族や親戚、近隣所にお裾分けしています。

専業と専業志向以外の兼業は、「半農半X」という実践です。半農半Xとは、京都府綾部市在住の塩見直紀さんが1990年代半ば頃に提唱し、農のある半自給的な暮らしを営みながら、自分が心からやりたいと思う仕事＝「X」を実践するライフスタイルを指します。こうした実践が若い世代に共感を持って受け入れられています。

また、地域条件についても留意が必要です。日本の国土は中山間地域が多くを占め、そもそも農業だけでは生計が成り立ちにくい地域が存在しています。このような地域では、兼業や自給農業に林業や農林業に関連する仕事、他産業の仕事を複数組み合わせながら生計を成り立たせているのが実態です。日本では、こうした地域条件のもと多様な農の形が育まれてきたといえます。

多層的に広がる独立就農サポート

独立就農のサポート体制は、1990年代以降、国、都道府県や市町村という自治体レベル、民間まで多層的に整備され、その中身も就農相談から研修の受け入れ、研修や営農に関する費用助成、農地や住宅支援などに広がっています。

国の支援策は人材育成にシフトし、研修や教育といった就農準備、および就農後の経営を支援する「農業次世代人材投資事業（準備型／経営開始型）」や、雇用就農者の研修を支援し、雇用就農から独立就農を目指す人も活用が可能な「農の雇用事業」があります。先ほど見た地域おこし協力隊制度も同様のサポートです。

毎年、東京都や大阪府で開催されている「新・農業人フェア」には、新規就農者を受け入れたい自治体、研修生や社員を募集する受け入れ先が集まり、独立就農希望者は具体的な研修、就農に関する情報にアクセスできます。移住・定住という観点から、「ＮＰＯ法人ふるさと回帰支援センター」では、地方移住に関するパンフレットや資料を常設し、相談員が移住希望者に応じています。

柔軟なサポートと受け皿づくりの重要性

鍵を握るのは、具体的に独立就農者を受け入れ、育てる市町村です。市町村も、行政が窓口になり、研修制度の整備や営農支援に取り組んでいます。受け入れ地域では、多様な独立就農者の姿に対応できる柔軟な受け皿づくりが重要です。

　島根県のように専業や雇用就農だけではなく、半農半Xを県独自の就農モデルとして位置付けた支援事業の実施は、先駆的なサポート体制でしょう。長野県では「新規就農里親支援制度」を整え、経営の定着までのサポートを行っています。２０１９年度からは「農ある暮らし相談センター」を設置し、「半農半X」「家庭菜園」「定年帰農」「農業バイト・パート」といった多様な農的暮らしに関する情報発信と受け入れサポートを始めました。

　専業タイプと兼業・自給タイプを比較すると、定住サポートと就農サポートについては共通しています。ただし、就農サポートの部分について見ると、専業タイプは必要な農地や施設などの規模が大きくなります。これに加え、専業タイプは経営の定着、兼業・自給タイプは就業や起業など農業以外の仕事の確保と仕事づくりが必要です。独立就農の受け皿づくりは、仕事と生活を合わせた暮らしの視点に立ち、経営タイプに応じた「3段構え」の柔軟なサポートが求められます（図表2－6）。

	専業タイプ	兼業・自給タイプ
仕事	定着 ↑ 就農	就業、起業 ＋ 就農
生活	定住	

資料：筆者作成

図表2-6　3段構えの独立就農サポート

若い世代からは、農業にポジティブなまなざしが向けられています。コロナ禍の影響もあり、今後このまなざしは、より強く、太くなっていくでしょう。この関心と期待を社会と地域が受け止め、持続的な動きにしていくことが大切です。第3章では、独立就農者を育てる具体的な地域の実践を見ていきます。

引用・参考文献

相川陽一（２０１３）「地域資源を活かした山村農業」井口隆史・桝潟俊子編著『地域自給のネットワーク』コモンズ

大江正章（２００１）『農業という仕事：食と環境を守る』岩波ジュニア新書

大江正章（２０２０）『有機農業のチカラ：コロナ時代を生きる知恵』コモンズ

小口広太（２０１７）「有機農業の地域的展開に関する実証的研究：埼玉県比企郡小川町を事例として」明治大学大学院農学研究科２０１６年度博士学位請求論文

小口広太（２０２０）「農村ツーリズム in 岩手県花巻市大迫町の活動記録：１年目の成果と課題」『千葉商大論叢』第58巻1号、pp.189-199

『季刊地域』編集部（２０１７）『新規就農・就林への道：担い手が育つノウハウと支援』農山漁村文化協会

塩見直紀（２０１４）『【決定版】半農半Xという生き方』筑摩書房

図司直也（２０１４）『地域サポート人材による農山村再生』筑波書房

堀口健治、堀部篤編著（２０１９）『就農への道：多様な選択と定着への支援』農山漁村文化協会

第3章

持続可能な農業としての「有機農業」を地域に広げる

第3章では、独立就農者を育て、地域に広げていく条件について見ていきます。特に、有機農業を選択する独立就農者の広がりに焦点を当てます。有機農業の歴史を振り返りつつ、独立就農者と有機農業の親和性を確認し、後半は有機農業による独立就農のサポート体制、定着要因について考えていきましょう。

3・1　農業の近代化と有機農業の「誕生」

近代農業への「対抗」としての有機農業

近年、「有機農業」や「オーガニック」という言葉は一般的にも知られるようになりました。有機農産物は、スーパーなどでも普通に購入することができます。この日本の有機農業ですが、自然農法の取り組みを含めると80年以上もの歴史を持っています。

まずは、その歴史を紐解いてみます。日本で有機農業が取り組まれるようになったひとつの背景が「農業の近代化」で、1961年に成立した農業基本法がそのきっかけでした。

高度成長期に進展した都市化と「大量生産―大量消費型」社会の出現は、日本農業を商品生産システムへと再編し、市場流通では外観が良く、規格も揃った交換価値の高い農産物が求められるようになりました。農業の近代化は、それに対応すべく小規模から農地を特定の農家に集積する「大規模化」、自給・少量多品目から商品作物の生産に特化する「専作化」、農薬や化学肥料の使用、大型機械の導入など農業の「工業化」を推し進めました。

このような状況のもと、１９７１年、協同組合運動に尽力した一楽《いちらく》照雄さんの提唱によって「有機農業研究会（現・日本有機農業研究会）」が創設され、「有機農業」という言葉が誕生しました。その結成趣意書では農業の近代化が厳しく批判され、「本来あるべき農業」としての有機農業の推進について言及しています。

一般的に、農薬や化学肥料を使用する農業は、「慣行農業」「慣行栽培」と呼ばれています。農薬や化学肥料が普及していなかった戦前、戦後15年ほどは有機農業が当たり前の農業でしたが、農業の近代化によってそれらの使用が当たり前になりました。有機農業は、社会が大きく変化する中で生まれた農業なのです。

生産者と消費者の「関係性」の創造

ところが、当時の有機農業は技術の未成熟もあり、有機農産物は市場流通で正当な評価を受けることができませんでした。生産者は市場流通を利用できず／利用せず、一方で消費者も有機農産物を入手できなかったのです。

その中で、有機農業に取り組む生産者が消費者に直接農産物を届ける「提携」という実践が各地で生まれ、自分たちの手で流通システムをつくり上げていきます。日本の有機農業は、この提携を軸に社会的に広がっていきました。

提携は、生産者と消費者の「関係性」を重視します。この「顔と顔が見える関係性」は、「信頼関係」によって実現しました。実際に、栽培計画や出荷数量、価格を決定する意見交換会、より良い社会に向けた価値観の共有を図る学習活動、援農（縁農）、収穫祭や現地見学会など、人間的な交流の機会が多く設けられました。

有機農業は、単に農薬と化学肥料を使用しないという生産技術の個別問題を解決するだけではありません。提携を通じて農業を「生産（つくり方）—流通（運び方、分け方）—消費（食べ方）」という社会関係として捉え直し、そのプロセスをトータルに創造する取り組みです。さらに、このような提携を軸にしながら、地域再生へと展開する実践も生まれました。

提携の手段には、いくつかのパターンがあります。ひとつは配送し、販売する形態です。これは「自家配達か、宅配便か」「個別購入か、共同購入か」に分かれます。もうひとつは、農場に直接取りに来るパターンです。

少量多品目の野菜は、季節ごとに７～10品目ほどを段ボールやトレイに入れて準備します。その頻度は、消費者世帯の都合、配送する農産物によって異なり（米であればその頻度は減ります）、週１回から隔週１回、月１回など様々です。第２章で見た荒木健太郎さんは、野菜や米を特定の消費者に個別配送しています。

「有機農業推進法」の成立という画期

２００６年12月には「有機農業の推進に関する法律（有機農業推進法）」が成立しました。これまで有機農業に関する法制度は、２００１年４月から本格的な運用が始まった有機ＪＡＳ制度による表示規制のみでしたが、有機農業推進法の成立によって日本でもようやく有機農業を振興する体制が整い、国と地方自治体は有機農業を実施する責務を負うことになりました。有機農業は、日本農業の一翼を担う存在になったのです。
その中でも、「地域に広がる有機農業」の構築と普及が目指され、有機農業者が中心となって行政や農協、生産者グループ、消費者グループなどが参加する「有機農業推進（有機の里づくり）協議会」が各地で設立されました。
有機農業推進法では、有機農業を有機ＪＡＳ制度にもとづく有機農産物の表示が可能な取り組みに限定するのではなく、その対象を広く捉えています。第２条では、次のように定義されています。

「有機農業」とは、化学的に合成された肥料及び農薬を使用しないこと並びに遺伝子組換え技術を利用しないことを基本として、農業生産に由来する環境への負荷をできる限り低減した農業生産の方法を用いて行われる農業をいう。

続く第３条では、有機農業を推進するにあたっての基本理念を定め、有機農業が農業の「自然循環機能を大きく増進」させると位置付けています。本書では、有機農業推進法の捉え方に倣《なら》って有機農業という言葉を使用します。

「自然共生型農業」としての有機農業

一楽さんは、日本酪農の父と称される黒澤酉蔵《とりぞう》さんらが創立した「野幌機農学校（現・酪農学園大学）」の由来であり、黒澤さんが漢詩をもとにつくった「天地有機（天地機有り）」という言葉にヒントを得て「有機」という名称を付けたといわれています。

有機の「機」とは、「仕組み」という意味で、天地有機は「自然の仕組みを活かす」と言い表すことができます。有機農業は、単に農薬と化学肥料の不使用や有機物の投入を意味するものではないということです。

有機農業技術の展開方向は、「自然共生」の追求です。その基本は、自然の仕組みを理解し、土づくりと生物多様性の保全を重視することにあります。地中は堆肥や肥料をしっかり施し、微生物に食べものを与えて棲みかをつくりながらその働きを積極的に活用すること。地表はできる限り裸地にしないよう有機物マルチで覆い、地上は多品目栽培や輪作などを通じて病害虫の被害を抑えることです。

このように、自然の仕組みにもとづいて地中、地表、地上に生物と植物の多様な生命の世界をつくり、活かしていくことが自然共生の姿で、「持続可能な農業」としての有機農業の展開につながっていきます。

３・２　独立就農者から支持される有機農業

有機農業から見える「希望」

次に、日本における有機農業の現状を見ていきましょう（農林水産省生産局農業環境対策課「有機農業をめぐる事情」〈２０２０年９月〉）。農林水産省によると、耕地面積に対する有機農業取組面積の割合は、２０１８年時点で世界平均１・５％です。イタリア15・８％、スペイン９・６％、ドイツ９・１％、フランス７・３％とヨーロッパの国々で高い割合を示していますが、日本は０・５％で世界平均の３分の１程度です。

こうした現状を見る限り、日本では有機農業の普及がだいぶ遅れているといわざるを得ません。ただし、日本の有機農業の取扱面積や農家数は、増加傾向にあります。例えば、取扱面積は２００９年からの２０１８年までの10年間で、16万３０００ヘクタールから23万７０

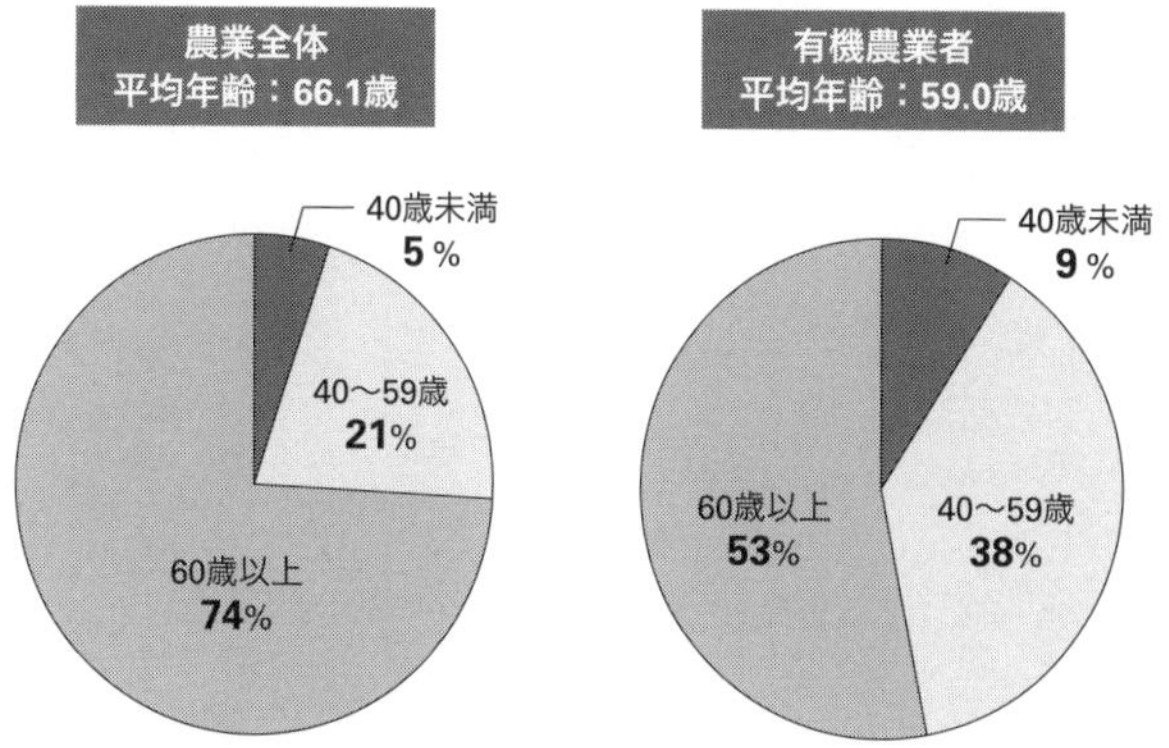

資料：農林水産省「2010年世界農林業センサス」、農林水産省「平成22年新規就農者調査」、MOA自然農法文化事業団「平成22年度有機農業基礎データ作成事業 報告書」より筆者作成

図表３-１　農家の平均年齢・年齢構成（2010年）

00ヘクタールに増加しています。

図表３-１は、農家の平均年齢・年齢構成の比較です。有機農家は60歳未満が47％と約半分を占め、平均年齢59・０歳は農家全体の66・１歳と比べて約７歳も若いことがわかります。

有機農業の取り組みは、まだまだ小さな存在ですが、有機農家数、圃場面積ともに年々増加し、日本農業の動向とは異なる構造を形成しています。さらに、若い世代から支持されている点が特徴です。

独立就農者が「選択」する有機農業

このような有機農業の動きをつくる中心が独立就農者です。新規就農者の中でも、年齢層が若い独立就農者が選択する農業の形として有機農業があります。例えば、新規就農希望者のうち「有機農業をやりたい人」は65・1％で、「有機農業に関心がある人」を含めると、92・7％を占めています（全国農業会議所「２０１０年度新・農業人フェアにおけるアンケート結果」）。

また、独立就農者による有機農業等への取り組み状況を見ると、「全作物で有機農業を実施」20・8％、「一部作物で有機農業を実施」5・9％で、約4分の1が有機農業を実践しています。これに「できるだけ有機農業に取り組んでいる」46・2％を合わせると、72・9％にもなります（全国農業会議所〈２０１６〉「新規就農者の就農実態に関する調査結果－平成28年度－」）。

独立就農者の特徴は、有機農業との親和性が高いことです。実際、独立就農者のほとんどが有機農業を選択している地域も少なくありません。耕作放棄地の解消や地域社会の維持などに大きく貢献し、地域にとって「無視できない存在」から「なくてはならない存在」になりつつあります。

有機農業を「選択」する理由

では、独立就農者はなぜ有機農業を選択するのでしょうか。私がこれまで出会った若い世代の姿を見ていきます。

独立就農者の広がりは、１９７０年代以降のことです。大学紛争に影響された若者たちが生き方を問い直し、有機農業に取り組みました。「たまごの会八郷農場」（茨城県八郷町）、「耕人舎」（和歌山県那智勝浦町）、「興農舎」（北海道中標津町）などで、独立就農者が有機農業の歴史をつくってきたといっても過言ではありません。

１９８０年代後半から顕著に見られるように、環境に負荷をかけたくない農業の選択が結果として有機農業の実践に結び付いています。現在もこの傾向は続き、ある女性が「農業をするんだったら、有機農業と決めていた」と言うように、有機農業を当たり前のように選択する姿も見られるようになっています。

２０００年代以降、有機農業や有機（オーガニック）農産物はより身近な存在となりました。現在の20～30代が物心つく頃にはそのような言葉を耳にし、口にする機会も少なからずあります。若い世代にとって有機農業は決して特別なものではなく、実践の対象として「肯定的」に受け止められているのです。

もうひとつの傾向として、「生き方」としての選択があります。これは近年広がりつつある「田園回帰」の流れとも重なります。ある女性は「利益を追求し、会社に管理される社会よりも大地に根差した暮らしのほうが安心できる」と言っていました。

２０１１年３月に起こった東日本大震災および福島第一原子力発電所事故の発生も、若い世代を有機農業の実践に向かわせた一因です。ある男性は「都市生活が脆弱だとわかった。食べものが身近にあることが本当の意味で安心な暮らし」と考え、有機農業を志しました。

経済成長を優先する社会への違和感が背景にあり、農や地域に根差したライフスタイルに転換する動きが、有機農業による就農や有機農業を取り入れた農的暮らしを後押ししています。若い世代は、自らの生き方を体現する実践の対象として有機農業を捉えているといえます。

有機農業というさらなる「障壁」

独立就農希望者、独立就農者から向けられる有機農業への関心は、今後も続くと考えられます。独立就農には、いくつもの障壁があることは第2章で見てきましたが、有機農業を選択することも、ひとつの障壁になります。障壁が「分厚くなる」と表現したほうがいいかもしれません。

有機農業による独立就農は、次の通り慣行農業とは異なる特有の課題を抱え、創意工夫を図って参入しない限り、困難だからです（高橋巌、東海林帆〈2010〉「新規参入の背景・実態と有機農業：その位置づけと栃木県茂木町における事例分析」『食品経済研究』38、31〜58ページ）。

①慣行農法とは異なる農業技術に関して、集落住民からの教示を受けられず、生じた問題の独自の解決をしなければならない。
②技術面に関して、普及員等からの指導を得られない（もしくは得にくい）。
③慣行農法に見られる特定作物の奨励がない（あるいは少ない）ことに加え、既存の販路がないかもしくは限定されており、少量多品目生産を基本に独自で作目や販売方法を

検討する。

④販路の確保が難しい場合、農業所得面での制約が生じる。

⑤生き方について既存住民の理解を得ることが難しいケースがある。

⑥有機農業に取り組む仲間がいないか少ない。

⑦農業経験の少ない非農家出身者にとって、生活面でのギャップが懸念される。

⑧特に研修が重要になる。

有機農業の選択に関わる①〜⑥について、具体的に見ていきましょう。①、②は技術の習得、③、④は販売先の確保で、出口の部分となる農業経営面での特質です。慣行農業の場合、技術面は都道府県の農業改良普及員や農協の営農指導員からのサポートが期待でき、販売先は農協共販による系統出荷が利用できます。

有機農業の場合、そのような技術指導を受けることができません。これは、生産者も含めて地域に有機農業を指導できる人がほとんどいないということです。販売先は、独自で確保しなければなりません。栽培技術も未熟で安定しない独立就農者が同時に販売先も開拓していくことは容易ではありません。

⑤は地域からの信用力に関わる課題です。有機農業は技術や販売先が異なるため、異質性が高く、さらに一般的な独立就農よりも理解が得られにくい、問題意識の共有がされにくいことも現実問題としてあります。

⑥の仲間づくりは経営、生活面の双方で必要とされます。有機農業の場合、行政や農協からのサポートを積極的に期待できません。そこで頼りになるのは、同じ農業仲間になりますが、若い農業者が少ないだけではなく、その中でも有機農業者はさらに小さな存在になります。そのため、気軽に相談できるような仲間が身近に存在しません。

このように、農業経営や地域からの信用力、仲間づくりなど独立就農のハードルが一層高くなり、サポートのニーズの幅がより大きいのです。⑧の研修が特に重要という点は、有機農業特有の課題を見ればよくわかります。

有機農業への参入ルートの広がり

１９７０年代、就農希望者は研修などを受けず、直接行政や農家と交渉し、就農していくパターンがほとんどでした。その後、年数を重ねた有機農家が都市生活者からの有機農業へのまなざしを感じ取って研修を受け入れ、献身的なサポートに当たってきました。現在も研修が主流です。

独立就農者を受け入れる（受け入れたい）地域にとって、有機農業で独立就農できる受け皿づくりが重要な条件となりますが、先ほど見た通り、特有の課題を抱えるために行政などの対応はいまだ及び腰です。

有機農業推進法の成立を機に、有機農業の推進計画が都道府県で策定され、就農相談についても窓口が整備されるようになりました（農林水産省生産局農業環境対策課「平成30年度における有機農業の推進状況調査〈都道府県対象〉結果」）。ただし、各種戦略や計画において有機農業を明確に位置付けている市町村の数は、10・5％にとどまっています（農林水産省生産局農業環境対策課「平成30年度における有機農業の推進状況調査〈市町村対象〉結果」）。

まだまだ積極的なサポートを期待できない状況ですが、近年、生産者グループやＮＰＯ、一部の農協などでは有機農業による独立就農者を地域に広げ、行政と連携していく動きも見られます。例えば、埼玉県比企郡小川町、山形県東置賜郡高畠町、福島県二本松市東和地区、茨城県石岡市八郷地区、千葉県山武市、岐阜県加茂郡白川町、群馬県高崎市倉渕地区などです。

さらに、有機農業を体系的に学ぶことができる教育機関もあります。例えば、「島根県立農林大学校」や「埼玉県農業大学校」では有機農業の専門コースが設置されました。民間では、「アグリイノベーション大学校」やその姉妹校として２０１９年４月に公設民営の「丹波市立農《みのり》の学校」（兵庫県丹波市）が開校しました。いずれも有機農業を基本に、座学と栽培や販売実習を学ぶことができます。

3・3　独立就農者がつくる有機農業の地域的広がり：埼玉県比企郡小川町

先駆者としての霜里農場

埼玉県小川町は、県の中央部よりもやや西に位置しています。首都圏から60キロ圏内にあり、池袋駅から1時間10分程度です。

小川町は、有機農業の先進地として全国的に知られています。その起点をつくったのが、

（上）合鴨農法を実践する金子美登さん（撮影：金子友子さん）
（下）提携している消費者に届ける野菜セット（撮影：筆者）

霜里農場を営む金子美登《よしのり》・友子夫妻です。金子家では祖父母の代は養蚕と機織、１９５０年代初めに酪農を始めましたが、金子さんは農業の近代化に疑問を持ち、農林省（当時）の農業者大学校を卒業後、１９７１年から有機農業を実践しています。少量多品目の野菜に米、麦、大豆の穀物類、乳牛、鶏、合鴨の飼育を組み合わせた有畜複合経営です。

　１９７５年には提携を開始しました。現在、約40軒の消費者に届けています。町内および周辺地域の消費者が約30軒、残りの約10軒は都内の消費者です。宅配便も若干ありますが、自家配達で直接消費者のもとに届けるというスタイルは一貫しています。提携に加えて、地場の加工業に米（自然酒）、小麦（醤油、乾麺、パン）、大麦（ビール）、大豆（豆腐、納豆、醤油）を、農産物直売所やオーガニックレストランには野菜や卵などを出荷しています。

研修生の受け入れと就農サポート

金子さんは、高度成長期を経て農業と農村が大きく変化する中、「このままでは農家の子弟が後を継がなくなる」と思い、１９７９年という早い時期から毎年１名ずつ研修生を受け入れてきました。これまで受け入れた研修生のうち、９割以上が町外かつ非農家出身です。

当初、住み込みの研修生は１年に１名ずつでしたが、２０００年代に入ってからは長期（１年以上）の研修生が毎年４～５名、短期（１～６か月）や週１～２回などの通いも含めると、年間10名ほどになります。

廃食油を活用したトラクターに乗る金子美登さん（撮影：筆者）

研修終了後に町内で就農する場合、霜里農場が「橋渡し役」となり、住宅や農地など経営・生活資源の確保をサポートしています。就農後も研修先との距離が近い分、機械の貸し出しや育苗、技術、生活面での相談など定着するまでの間、物心両面でのサポートも受けることができます。

そのため、金子さんは研修後の就農地を重視して研修生を受け入れています。ただし、研修生が離れた地域で就農する場合は、準備を少しでもスムーズに行えるように仲間の有機農業者を紹介しています。

霜里農場では、営農技術や経営について学ぶほか、イベントやむら仕事への参加などを通じて、地域と様々な接点を持つことができます。研修中に構築した人間関係は、就農後、大いに役立ちます。

１９８０年代半ばになると、霜里農場の研修生の中から町内に就農する者が現れ、徐々に独立就農者が定着していきました。小川町では独立就農者のほとんどが有機農業を選択しています。現在、小川町には長期で有機農業の研修を受け入れることができる農家が5軒あります。こうした受け入れ先の充実によって２０００年代以降、独立就農者が増加し、２０１０年前後からは毎年2〜3名ずつのペースで独立就農者が誕生しています。

有機農業と地域をつなぐローカル・フードシステム

有機農業の広がりを支える条件のひとつが、販売先の確保です。小川町の有機農家は提携のほか、加工業やレストラン、企業、卸・仲卸業者、直売（スーパー、農産物直売所、ファーマーズマーケット、自然食品店）への出荷、インターネット販売など町内外に多角的な販売先を組み合わせて経営を成り立たせています。

その中で共通して見られる特徴が「ローカル・フードシステム」の構築です。この取り組みは複数の有機農家による出荷ないし共同出荷の体制を整え、町内および周辺地域（隣接する嵐山町、ときがわ町など）の範囲で広がりを見せています。

その経緯を見ると、金子さんが「これからは有機農業と地場産業がともに良くなって、それを地域の消費者が支えて、内発的に発展するむらづくり、まちづくりが大事になる」と考え、1980年代後半から独立就農者とともに町内の酒造と自然酒を商品化したのがきっかけでした。これを皮切りに乾麺、豆腐、醤油、ビールなど加工業との連携が進展しました。

2005年頃からは、町内にオーガニックレストランができ始め、さらに農産物直売所やスーパーへの出荷、小規模なファーマーズマーケットの開催など有機野菜の流通が拡大しました。

図表3-2（次ページ）は、独立就農者の主な生産品目です。全員が野菜を栽培し、そのほとんどが販売用として出荷しています。野菜は自給が基本にあること、個別宅配や直接販売が多いことなどから少量多品目栽培です。次いで多いのが米、大豆、小麦ですが、野菜と

生産品目	自給用含む	
		主として販売用
米	18	8
小麦	16	7
大麦	3	2
大豆	18	6
露地野菜	23	18
施設野菜	5	4
果樹	8	1
花き	2	0
養鶏（平飼採卵鶏）	4	2
養鶏（平飼採卵鶏以外）	1	1
乳牛（酪農）	0	0
肉牛（繁殖・肥育）	0	0
養豚（繁殖・肥育）	1	1

資料：「小川町における有機農業・新規参入に関するアンケート調査」（2013年1月〜2014年4月実施）より筆者作成

注：アンケートを回収した25軒のうち、独立就農者23軒を抽出。

図表３-２　独立就農者の主な生産品目（MA、n=23）

比べて生産者は少なく、自給的性格が強くなっています。耕作面積を見ても、水田よりも畑地のほうが大きく、倍以上の開きがありました。

２０００年代半ば以降、独立就農者が増加したことで、野菜の出荷力が高まりました。地元住民は町内のスーパーや農産物直売所で野菜を購入する機会が多いため、有機農業がより身近な存在になったといえます。

例えば、農協や道の駅の農産物直売所では有機農業の専用コーナーが設けられ、常設販売の体制が強化されました。その中でも、株式会社ヤオコーのインショップ販売への出荷は直売活動の中で唯一、専門の共同出荷グループ「小川有機会」を組織し、販売規模も大きいのが特徴です。

地域資源を活用した循環型の有機農業

販売先の拡大を支えるのは、技術があってこそです。これまでの有機農業技術の特徴は、霜里農場のように農場内で資源の循環に取り組む有畜複合経営が基本とされてきました。

ところが、図表3‐2を見てもわかる通り、独立就農者の中で畜産を積極的に経営の中に位置付けようとしている取り組みは少ないのが現状です。加えて、自給用の水田ですら持たない独立就農者が増える中、堆肥やボカシ肥などの材料として使用する米ぬかやもみ殻、ワラ、家畜の糞尿など有機物の確保が難しくなり、土づくりが課題となっています。

小川町では、里山での落ち葉掃き、竹林整備による竹チップへの加工、稲作農家と連携した米ぬかやもみ殻の確保など地域の自然環境と積極的につながり、それらを資源として取り入れていく循環型の有機農業が広がり始めています。行政は「OGAWA'N Project」を立ち上げ、小川町の資源を活用して豊かな土づくりに取り組む農家を認証する仕組みやマルシェの開催、情報発信などサポートを行っています。

有機農業が地域を変える

独立就農者の経営は、専業から半農半X、自給農業まで多様です。その年齢構成を見ると、50代までが7割近くを占め、平均年齢は51・8歳です（２０１５年12月時点）。これは、就農時の平均年齢が30代後半で、若い世代が際立っているからです。

２０１５年時点で、有機農家数（販売農家）は43軒（独立就農者：31軒、慣行農業から有機農業への転換参入者：12軒）で、小川町全体の14・４％、有機農業実施圃場面積は47・６ヘクタールで、小川町全体の７・２％になります。

これまで行政は、有機農業や独立就農、研修に関する問い合わせがあった場合、有機農家を紹介するくらいで積極的な支援をほとんど行ってきませんでした。有機農業推進法の成立を機に、「小川町有機農業推進協議会」が設立されると、「新・農業人フェア」へのブース出展、「おがわまち有機農業フォーラム」の開催など対外的な発信とともに、行政の担当者も有機農家との接点ができ、交流が生まれています。

このように、有機農業による独立就農者は、地域農業にとってなくてはならない存在となっています。これまで見てきた数字などはあくまで筆者が把握できたものであり、実際はこれよりも大きく進展しています。そして、ローカル・フードシステムの構築や行政の姿勢を変えるなど、「有機農業を軸にした地域づくり」へと展開していることがわかります。

3・4　農協による有機農業の組織的展開：茨城県石岡市八郷地区

農協が設立した有機栽培部会

茨城県石岡市は、２００５年10月に旧石岡市と旧八郷町が合併して誕生しました。八郷地区は、県のほぼ中央に位置し、筑波山などの山々に三方を囲まれた盆地です。山間地域で大規模な産地の形成には向かず、複合経営や循環型農業が伝統的に実践されてきました。

小川町同様、八郷地区は有機農業の先進地として全国的に知られています。八郷地区では、有機農業の取り組みが多様な背景から始まり、個性ある実践が地域に根付いています。やさと農業協同組合の「有機栽培部会」もそのひとつです。自治体は石岡市に合併しましたが、やさと農協は合併していません。

やさと農協は、１９７６年に東都生活協同組合と産直事業を開始しました。東都生協は１９８８年から「地域総合産直」を唱え、取引品目は野菜や果物、米、鶏肉、豚肉、納豆などに広がり、組合員同士の交流や田畑で農業体験も行っています。野菜の産直は、１９８６年に始まりました。１９９５年からは個別宅配「東都グリーンボックス」にも野菜を出荷するようになりましたが、組合員からの注文は徐々に減少していきました。

当時、産直事業を担当していた柴山進さんは、取り組みの中で有機農業と出会い、有機農産物への需要を感じ取っていました。柴山さんは、グリーンボックスに有機農産物を供給することで、生産体制の再構築と需要の拡大を目指し、１９９７年11月に有機栽培部会を設立したのです。

若い独立就農者を育てる研修制度の開始

有機栽培部会を設置したもうひとつの目的は、独立就農者の育成です。東都生協の職員が就農を目指していたこともあり、１９９９年に「ゆめファーム」新規就農研修制度を立ち上げました。ゆめファームは、有機栽培部会が運営する有機農業に限定した研修制度です。毎年1家族ずつ、年齢を45歳未満に限定しています。研修後は有機栽培部会に所属し、有機JAS認証を取得した野菜を農協に出荷することが条件です。

ゆめファームは、専用の圃場で研修を行います。研修期間は、2年間です。やさと農協が研修農場90アール（1年で2家族が研修するので計180アールを準備）とトラクターなどの農機具、調整・出荷作業を行う施設を無料で準備します。

1年目は、有機農業の技術を学びます。研修生の多くが農業未経験のため、「まずは農業を経験してみる」段階です。2年目は、その復習を行いながら「独立就農に向けて準備を進める」段階です。1年目の学びから作物を選択し、技術の向上を図ります。同時に、就農に向けて農地を借り、堆肥を投入して土づくりも行います。農地や住宅は、研修生が自ら探します。農地は、研修中に交流を深めた有機栽培部会の生産者の紹介を通じて確保できます。この2年間は農業次世代人材投資資金の準備型を受給することができ、生活費が保障されています。

有機栽培部会で活躍する独立就農者
（提供：柴山進さん）

独立就農を見据えた「実践的な研修」

この制度の特徴は、実践的な研修内容です。研修生といいつつも、「一人前の生産者」として位置付けています。

特徴	目的
既婚者に限定	既婚者は家族の生活を背負っているため、農業を仕事にする覚悟を持って研修を受ける。
自発的な研修	農協が研修圃場を準備するが、指導者はいない。研修生は自ら有機栽培部会の先輩独立就農者に聞いて、有機農業の技術や経営を学ぶ。
農業経営の実践	栽培する作物は自ら決め、計画を立てて農協に出荷する。

資料：筆者作成

図表3-3　研修制度の特徴

図表3-3は、研修制度の特徴です。研修生の受け入れは、面接を行い決定します。ポイントは「本気度」です。春・夏苗の準備などがあり、2月から実質的な研修が始まります。研修生は、作物の選定と面積の計画を立て、栽培、収穫、袋詰めを行い、有機栽培部会の一員として出荷します。研修農場には、常駐の指導者はいません。週1回のペースで有機栽培部会が割り当てた指導担当生産者の圃場に出向いてアドバイスを受け、日頃の疑問を解決します。

一般的な農業研修では、受け入れ農家の圃場で、その方針に従いながら補助的な作業を行うことがメインです。

この研修制度では、研修生自ら農業経営を行い、独立就農を見据えて「農業を仕事にするという自覚」「自ら学ぶという能動的な姿勢」「農業を経営するという実践感覚」を身に付けます。研修期間は試行錯誤の連続ですが、そのプロセスの中で経営の考え方と土台をつくり、スムーズな独立就農に結び付けることができているのです。

独立就農者の耕作面積は80アール～１ヘクタールほどで、数年経つと１・５～２ヘクタールまで拡大しています。有機ＪＡＳ認証を取得していることから年間10品目ほどの中量中品目栽培で、すべてが専業経営です。

ゆめファームが始まって20年以上が経過しましたが、家庭の事情でやむを得ず離農しなければならなくなった２組を除いて定着を果たし、離脱者がいません。これも実践的な研修制度の成果といえるでしょう。

有機栽培部会の中心を担う独立就農者

２０１７年４月には、石岡市が第２研修農場「石岡市朝日里山ファーム」を開設しました。市の経済部部長（当時）がゆめファームの実績を評価したことがきっかけです。石岡市朝日里山ファームの管理運営は、「ＮＰＯ法人アグリやさと」が市から事業委託を受け、研修生のサポートや農場の保全管理に取り組んでいます。アグリやさとの理事長は、柴山さんです。仕組みはゆめファームと同じで、２０１９年４月に１期生が独立就農しました。今後は、毎年２組ずつ有機栽培部会の会員が増加していきます。

２０２１年５月時点で、有機栽培部会の会員は31組です。そのうち、独立就農者は研修制度の出身者18組と現役研修生４組、それ以外の研修を経て就農した会員３組になります。設立当初、10組（地元出身者８組、独立就農者２組）で始まった有機栽培部会も、現在では約８割が独立就農者となっています。

研修生は20代後半から30代が大半を占め、有機栽培部会の平均年齢は約47歳です。経験を積んだ独立就農者は、研修生の指導にも当たっています。

有機栽培部会の出荷先は、東部生協だけではなく、その他の生協、地元のスーパーやイオン、商談会などに出店して農協から売り込むなど拡大しています。売り上げは農協全体の３割ほどを占め、有機栽培部会の担当者は「今後、農協としての生き残りを考えた場合、有機農業が果たす役割はとても大きい」と述べています。

このように、有機栽培部会が農協、地域農業にとってなくてはならない存在となり、独立就農者がその中心を担っていることがわかります。そして、有機栽培部会の取り組みは行政の姿勢を変え、農協、ＮＰＯ、生産者の協働による就農サポート体制の構築へと展開しています。

３・５　有機農業を実践する独立就農者が育つ

独立就農者が定着できる「仕組みづくり」

小川町とやさと農協有機栽培部会には、独立就農者が定着できる共通の要因があります。それは、「研修──→就農」（入口）、「就農──→定着」（出口）というステージに応じて「総合的なサポート源」が存在していることです。小川町では研修先の有機農家や同じ独立就農者同士のネットワーク、やさと農協は有機栽培部会という生産者グループです。

いずれも、独立就農者が「点」ではなく、「面」として活動を広げています。このようなサポート源は、独立就農者の良き相談相手であり、一緒に経営と暮らしを支えてくれる「併走者」としての役割を果たしています。

第2章で指摘した定着という課題について見ると、独立就農者が共同で出荷できる販売先の確保がポイントです。小川町は複数のローカル・フードシステム、有機栽培部会は生協への安定的な出荷のように、独立就農者が増加することで「出荷力」をつけ、販売先の確保につなげています。

出荷者が増えれば、誰かが「出荷できない」「収穫が少ない」という不測の事態が起こったとしても、相互に補完が可能で、取引先と信頼関係をつくることができます。さらに、出荷量の増加が新たな販売先の開拓にもつながり、個々の経営とともに、仲間がみんなで発展していく相乗効果を生み出しているのです。

独立就農者の広がりが独立就農者を呼び込む

有機農業による独立就農者が定着している地域では、「人が人を呼び込む」好循環がつくり出されています。独立就農者は他の新規就農者と比べるとマイナスからのスタートで、若い農業者が少ない上に、有機農業者はそもそもの絶対数も少ないのが現状です。そのため、有機農業を実践して、販売先も確保しなければならないこと、農村での暮らしや子育てなども含めて多くの不安を抱えながら就農します。

同じ有機農業を実践する独立就農者の仲間の存在は、定着への道筋を立てることができる「ロールモデル」です。先輩の背中ほど心強いものはありません。独立就農者に話を聞くと、同じ経験をしている仲間が地域にいることへの「安心感」は共通しています。

先ほど見た販売先の確保、この農業経営から暮らしまで全体を包み込むような安心感こそが独立就農者の定着条件です。こうした条件を整えることが、就農先として選ばれる大きな理由といえます。言い換えれば、独立就農者を呼び込みたい地域は、農地や住宅といった就農条件とともに、このような定着条件をどう整えることができるのか、考えていく必要があるでしょう。

引用・参考文献

小口広太（2015）「有機農業のこれまで・いま・これから：改めて「地域」の視座から考える」『PRIME』38号、明治学院大学国際平和研究所、pp.37-50

小口広太（2017）「有機農業の地域的展開に関する実証的研究：埼玉県比企郡小川町を事例として」明治大学大学院農学研究科2016年度博士学位請求論文

小口広太（2019）「つながりを再構築する有機農業：埼玉県小川町の実践から」『農業と経済』Vol.85 No.2、昭和堂、pp.61-68

小口広太、靏理恵子（2019）「多様な農の担い手」澤登早苗、小松﨑将一編著、日本有機農業学会監修『有機農業大全：持続可能な農の技術と思想』コモンズ、pp.164-177

金子美登（2010）「小利大安の世界を地域に広げる」中島紀一、金子美登、西村和雄編著『有機農業の技術と考え方』コモンズ、pp.2-13

国民生活センター編（1981）『日本の有機農業運動』日本経済評論社

国民生活センター編（1987）『地域自給と農の論理：生存のための社会経済学』学陽書房

高橋巌、東海林帆（2010）「新規参入の背景・実態と有機農業：その位置づけと栃木県茂木町における事例分析」『食品経済研究』38、pp.31-58

舘野廣幸（2007）『有機農業　みんなの疑問』筑波書房

中島紀一（2011）『有機農業政策と農の再生：新たな農本の地平へ』コモンズ

中島紀一（2013）『有機農業の技術とは何か：土に学び、実践者とともに』農山漁村文化協会

桝潟俊子（2008）『有機農業運動と〈提携〉のネットワーク』新曜社

第4章

食と農のつなぎ方

第4章では、農産物の流通という観点から、食と農をつなぐオルタナティブ・フードシステムが生まれた背景と現状について見ていきます。後半は、その中でも生産者と消費者の物理的な距離が近く、コミュニケーションが生まれるローカル・フードシステムに焦点を当て、事例を取り上げながらその意義と可能性について考えていきましょう。

4・1　生産者と消費者がつくるオルタナティブ・フードシステム

市場流通と市場外流通

フードシステムにおいて、農産物は川上から川下に向けて流通し、最終的に湖である私たちの食卓にたどり着きます。その流通の姿について見ていきます。

図表4‐1は、生鮮食品等の主要な流通経路です。農産物の流通は、「市場流通」と「市場外流通」に分かれます。市場流通とは、「卸売市場」を経由した流通のことで、それはさらに「中央卸売市場」と「地方卸売市場」に分かれます。市場外流通とは、図表4‐1に示

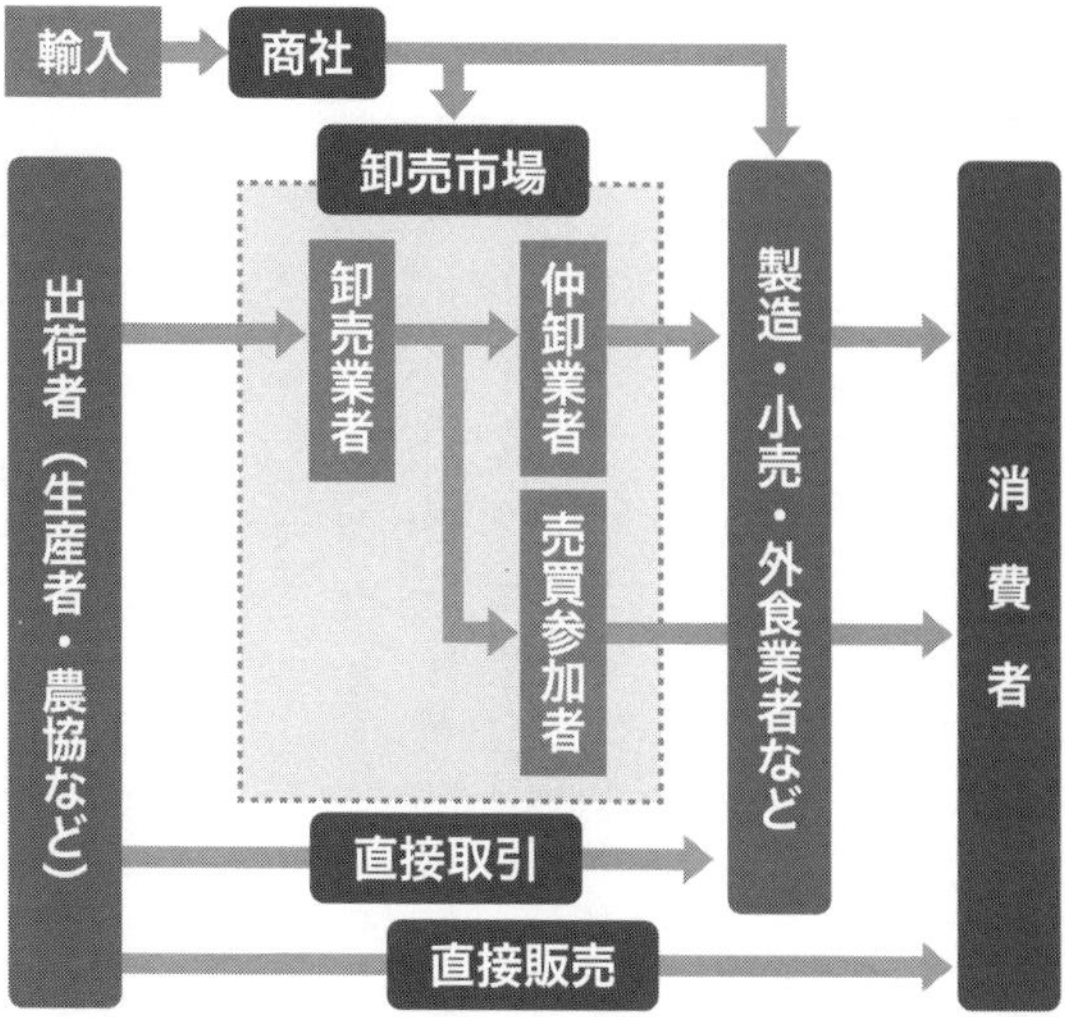

資料：農林水産省『平成23年度 食料・農業・農村白書』p.142、図2-20の一部を修正し、筆者作成

図表４-１　生鮮食品等の主要な流通経路

した下２本の矢印で、卸売市場を経由しない「直接取引」「直接販売」のことです。

一般的な農産物の流通は、食品取引の主流である市場流通を指しますが、近年、市場外流通が増加しています。

生産者の出荷形態は、「市場出荷のみ」「市場出荷と市場外流通の組み合わせ」「市場外流通のみ」と様々です。市場外流通のみの場合も、複数の出荷先を確保しています。

都市化と産業化の中で生まれた「オルタナティブ・フードシステム」

市場外流通の中には、「朝市」など古くから地域に根付いている取り組みもあります。本章で取り上げる市場外流通は、このような伝統市と区別し、「オルタナティブ・フードシステム」として位置付けます。なぜなら、高度成長期以降の都市化や産業化、農業の近代化、食と農のグローバル化によって生じた生産と消費の「歪み」「危機感」がその背景にあるからです。つまり、生産者と消費者が「暮らしを守る」ことを出発点にしています。生産者は自らの農業の存続のために、消費者は自らの食卓を守るために活動を始めたのです。

オルタナティブ・フードシステムは、市場流通に規定された生産と消費ではなく、「生産者と消費者が流通をつくる」という自発的な動きによって広がりました。その起点となったのが「自給」の再評価です。

第3章で見た「提携」がそのひとつです。その原点は、生産者が豊かな自給と賑やかな食卓を実現し、その延長線上に消費者の食卓を位置付け、農産物を届けることでした。同時に、消費者は生産者の生活保障や生産コストを基準に再生産可能な価格で買い支え、旬を大切にしながら、食卓を構成しました。提携は、生産者と消費者が自らの暮らしを見直していく共同作業といえます。

また、その自給を地域に広げていくことも視野に入れていました。同じく第3章で見た霜里農場の実践がそれにあたります。さらに、山形県高畠町で有機農業を営む星寛治さんは、「百姓の最大の力は、自分で考え、自分の体と技を使って物を生み出し、それを消費者にお届けする——つまり生産と流通と暮らしというトータルな人間の営みすべてを自主管理するというところにある」と述べ、「わが家の自給を可能なかぎり豊かにしてゆき、その延長で『地域の自給』を考える。そのような地域がいっぱい結びついたかたちで『国の自給』を底上げしていく」「下から上への自給」を提唱しています（星寛治〈２０００〉『有機農業の力』創森社、２３０ページ）。

もうひとつは、「農産物自給運動」です。これは、農家の女性たちが中心の取り組みです。農業の近代化やスーパーマーケットの登場など、いわゆる「流通革命」が起こると、農家も日常的に使用する野菜も含め、食材を購入することが当たり前になりました。こうした状況に対し、「農協婦人部」や農村の民主化政策で生まれた「生活改善グループ」が健康と暮らしの改善を目的に、農家の自給を進めました。

この取り組みは、有機野菜づくりや家畜を組み合わせた有畜複合、農産加工を進め、その自給を朝市や無人市、農産物直売所などの直売活動、都市消費者との提携、学校給食への供給に展開し、農村における女性たちの仕事の再評価や地位向上に大きく貢献しました。その後、各地に大型の農産物直売所が設置されると、女性たちの出荷先が広がり、農家レストランや農家民宿など起業活動も含めて都市農村交流やグリーンツーリズムの広がりを支えています。

多彩に広がるオルタナティブ・フードシステム

次に、オルタナティブ・フードシステムについて、生産者の販売チャネルを通して見ていきましょう。販売チャネルとは、生産者が栽培した農産物を消費者まで届ける流通経路を指します。

図表4-2は、市場外流通における販売チャネルの概要です。みなさんも利用したことがあるのではないでしょうか。市場外流通は、私が思い付くだけでもこれだけの数になり、私たちの食卓の身近に存在していることがわかります。

これらはもっと細分化でき、新たな流通が今もどこかで生まれているかもしれません。重

種類	概要
庭先販売	生産者の自宅や畑の前で無人販売。無人直売所。
ファーマーズマーケット	生産者が消費者に農産物などを直接販売する。生産者は出店料と売上手数料（いずれかの場合もあり）を支払う。マルシェや朝市も同じ形態。
農産物直売所	農産物を販売する常設店舗。委託販売が基本。生産者は売上手数料を支払う。
インショップ	量販店などに設置された小規模の独立した売場（地場野菜コーナーなど）。委託販売が基本。生産者は売上手数料を支払う。
小売店	生産者が小規模な小売店に商品を卸すこと。自然食品店など。
ネット販売	生産者が個人でHPなどを整備し、農産物や加工品を販売する。
産直ECサイト	生産者と消費者をつなぐECサイト。生産者が登録し、消費者が購入する。
消費者世帯	消費者世帯に農産物のセットを定期的に販売する。提携やCSAも含む。
給食	学校、病院、福祉施設などの給食へ出荷する。
飲食店	飲食店と直接つながり、農産物のセットを定期的に販売する。
生協産直	組合員と生産者が、顔と顔が見える関係をつくる産地直結。
会員制宅配サービス	生産者と直接契約を結んだ農産物を消費者会員に販売し、配達するサービス。有機農産物などを扱う専門流通事業体を指すことが多い。
農産加工	農産物を加工、商品化し、販売する。「6次産業化」「農商工連携」など。
契約栽培	農業法人や生産者グループ、農協などが業務用（食品製造業、外食産業、給食産業など）や量販店と契約し、計画的に出荷する。

資料：筆者作成

図表4-2　市場外流通における販売チャネルの概要

要なポイントは、私たちの暮らしには、このように多様な農産物の流通形態が存在し、「選択」ができるということです。その中でも、いくつか特徴的な動きを取り上げます。

ＩＴ化とＳＮＳの発展

ホームページやブログなど情報発信が容易にできるようになったのが現代という時代です。ホームページ内にネットショップ（ＥＣサイト）やオンラインストアを開設する生産者も増えています。これらが可能になったのは、オンライン決済サービスが充実してきたことも背景として挙げられるでしょう。

とりわけ、ＳＮＳ（Social Networking Service）の発展と普及は、その可能性を広げています。代表的なＳＮＳは、「Facebook」と「Instagram」です。生産者は、自分の考え、畑や野菜の姿、スタッフの様子、商品の紹介などを行い、販売先の確保につなげていくケースも見られます。

Facebookでは、生産者個人だけではなく、農場のページも立ち上げ、ホームページと同じ機能を持たせることもできます。Instagramもそうですが、ＳＮＳというメディアは消費者や取引先と直接メッセージのやり取りができることが最大の強みです。第２章で登場した鈴木寛太さんは、ぶどうやワインの情報をＳＮＳで発信し、販売先を広げています。

また、ホームページにない機能が「シェア」です。シェアは生産者個人では手が届かないところまで情報が拡散されることもあり、思いがけない出会いやつながりをもたらしてくれます。例えば、出荷先の急なキャンセルが出たときなど、ＳＮＳで発信すれば、想定外のケースにも対応できます。

このように、生産者は複数のツールを使い分け、自身がメディアとなり、情報発信を行っています。消費者側から見れば、現地に足を運ばなくてもつながることができるため、農業や生産者がより身近になったといえます。

また、産直ＥＣサイトも次々と立ち上がっています。「ポケットマルシェ」（株式会社ポケットマルシェ）、「食べチョク」（株式会社ビビッドガーデン）などはその代表例です。それぞれ、「オンラインマルシェ」「オンライン直売所」と呼んでいます。

生産者は自らホームページやネットショップを立ち上げなくても販売でき、消費者も気軽にアクセスできることから、両者をつなぐ新たなツールとして広がりを見せています。その特徴は、生産者や商品の情報を発信し、消費者とチャット機能を用いて会話ができることです。消費者は、生産者のこだわりや思いと一緒に商品を購入しています。

生産者とつながり、食材にこだわる飲食店

近年、地場農産物や有機農産物など食材にこだわる飲食店（レストラン、居酒屋、カフェ）が増えています。「オーガニックカフェ」「オーガニックレストラン」などという言葉も定着しました。特に、個人経営の小さな飲食店にその傾向が見られます。

このような飲食店による農産物の購入方法は、主に「農産物直売所やファーマーズマーケットなどの利用」と「生産者からの定期購入」です。一方で、生産者も飲食店に期待を寄せています。私の知っている生産者は、飲食店に直接営業やダイレクトメールを送り、販売先を拡大していました。

生産者が飲食店とつながるためには、先ほど述べたホームページの充実がポイントです。出荷可能な野菜をわかりやすくこまめに発信することで、飲食店もアクセスしやすくなります。こうしたB to B（事業者向けビジネス）の場合、Web上で管理できる受発注システムも普及しています。

飲食店に出荷する場合、彩りのある野菜を揃えたり、ひとつの品目で栽培する品種を増やすなど農産物直売所や消費者世帯への出荷とは異なる作付けが求められます。通年で出荷できることも重要なポイントでしょう。

私の知る限り、飲食店が生産者の作付けに合わせることがほとんどです。関係性ができてくると、飲食店側の意向を伝えて必要な野菜の作付けを依頼したり、生産者と一緒にオリジナルのメニューをつくることもあります。距離が近いと、スタッフが生産者と交流し、農作業を手伝う姿も見られます。

飲食店では、「○○農園／農場産」「○○さんが育てた」という一言をメニューに記載して工夫を凝らしています。メニュー案内の際、会話の中で食材や生産者のことを一緒に紹介するところもあります。さらに、生産者の野菜を店頭に置いて委託販売や生産者が店頭に立ち、マルシェを開催するなど、飲食店は食と農を楽しくつなぐ貴重な場といえます。

自給農業と贈与のネットワーク

農産物流通の中には、「可視化されない流通」があります。それが販売を目的としない

「自給」です。自給農業は、自己完結的な営みとイメージされがちですが、実際は個人や世帯だけでは消費しきれない余剰が生まれます。自給農業は「自給＋α農業」と表現するのが的確かもしれません。

この＋αの行き先は、主に「家族」です。農村では、離れて暮らす子ども、孫たちのために米や野菜を届ける光景を当たり前のように見かけます。＋αは家族というネットワークを通じて流通しているのです。このようなつながりは、高齢農家にとっての生きがいでもあります。

もうひとつの行き先は、「お裾分け」です。＋αは、隣近所、友人、趣味・仕事仲間などに行き渡ります。お裾分けの時には、農産物と同時に、調理方法や栽培方法など、様々な情報も交換されています。

４・２　ローカルな食と農

ローカル・フードシステムの広がり

オルタナティブ・フードシステムをもう少し具体的に見ていきましょう。図表４‐３（次ページ）は、生産者と消費者の「物理的な距離」と「心理的な距離」で見た販売チャネルの特徴です。ここで注目したいのは、生産者と消費者の物理的な距離と心理的な距離がともに近い右上の部分です。これを「ローカル・フードシステム」として位置付けます。第３章で見た小川町の事例を見ると理解しやすいでしょう。

ローカル・フードシステムと似た言葉に「地産地消」があります。地産地消は、「地場生産―地場消費」の略称で、地域で生産されたものを地域で消費する取り組みです。１９９０年代以降、農協が大型の農産物直売所を整備するなど、地産地消に取り組む農協や市町村が徐々に増加しました。

ローカル・フードシステムは、地産地消とほぼ同義ですが、単なる「生産―消費」とい

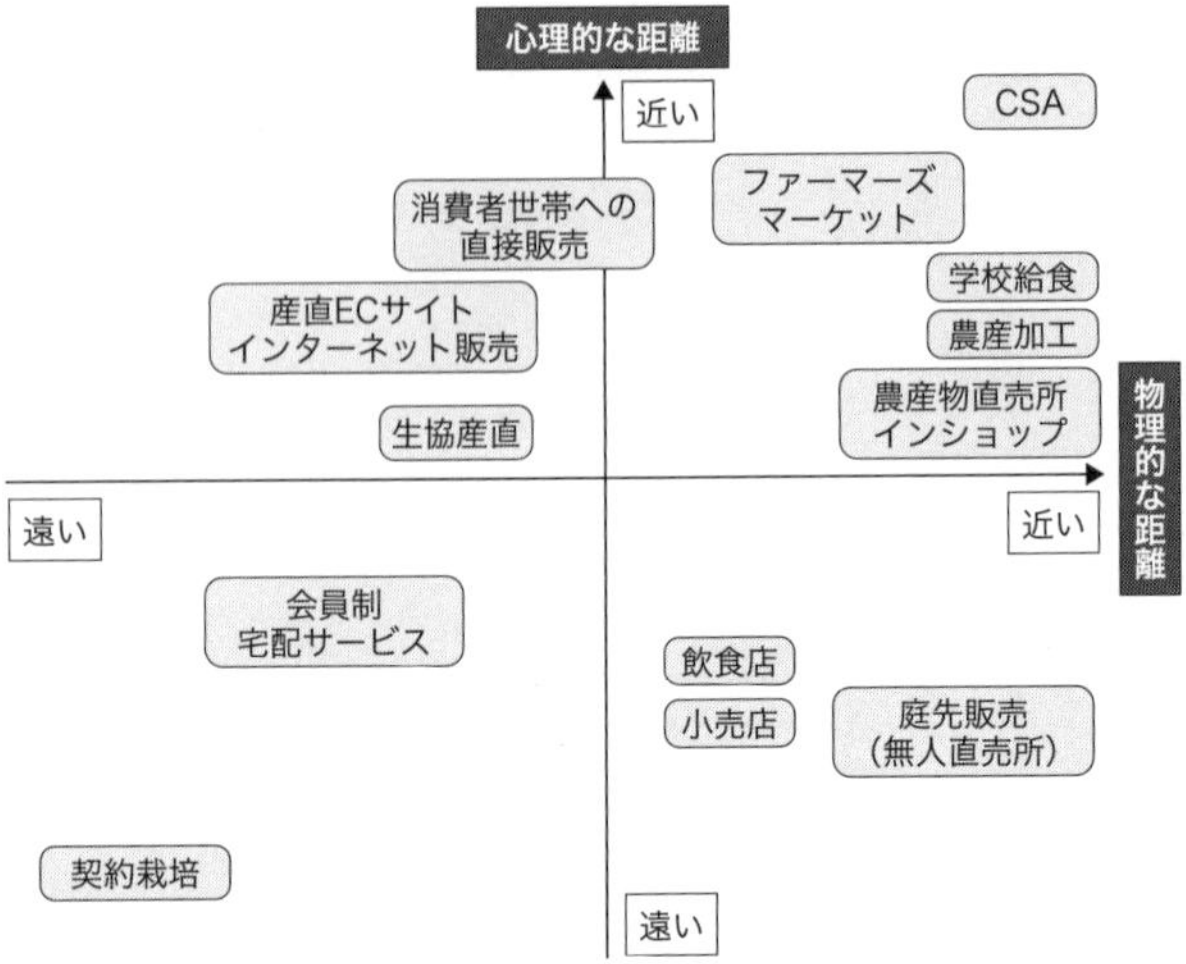

資料：筆者作成

図表4-3　ローカル・フードシステムの位置付け

う枠組みではなく、「食と農のつながり」を重視します。つまり、地産地消の要素を含みながら、生産者と消費者の間に「コミュニケーション」が生まれているかどうかがポイントになります。

また、「ローカル」や「地域」は、人によってその範囲の捉え方が異なる曖昧な言葉です。一般的には市町村レベルを指しますが、市町村合併の影響でその範囲が広くなり、それよりも小さな範囲を指すことも多いでしょう。

図表4-3のように、物理的な距離が近いと、コミュニケーションも図りやすいという相関関係が見られます。私たちの食卓と馴染みの深いローカル・フード

システムの代表例は、「農産物直売所」「インショップ」「ファーマーズマーケット」「農産加工」「学校給食」です。

農産物直売所の多彩な工夫

農産物直売所は、主に生産者および生産者グループ、農協、民間企業が運営しています。地元の農産物や加工品などをメインに扱いますが、季節によって商品が不足することがあり、品揃えや消費者のニーズを考えて市場や業者などからの仕入れもあります。

農産物直売所の動向を見ていきます（農林水産省「6次産業化総合調査」）。事業体数は、2010年の2万2050事業体から2019年時点で2万3650事業体へと増加し、大手コンビニエンスストア「セブンイレブン」の2万1177店舗（2021年6月末現在、株式会社セブン‐イレブン・ジャパンホームページ）を上回ります。年間販売総金額は同期間で8175億円から2018年に1兆789億円へと増加し、2019年時点で1兆534億円です。事業体数はここ5年ほど増減を繰り返し、年間販売総金額も2019年に減少していますが、これまでの伸びを見ると、消費者から支持されている様子がわかるでしょう。

農産物直売所は、委託販売が基本です。生産者と消費者の顔は直接見えませんが、店内の壁に出荷者の顔写真が貼ってあったり、野菜と一緒に料理レシピを添えたり、生産者の声を貼り出すなどの工夫が見られます。中には、商品のバーコードに記載したQRコードから農薬や化学肥料の使用履歴などが確認できる「トレーサビリティ」の導入、独自の栽培基準を設けている農産物直売所もあります。食の安全と安心を確保し、消費者の信頼獲得に向けた取り組みです。

また、農産物直売所ごとに異なる地域の風土や歴史を踏まえた品揃えも魅力です。例えば、長野県安曇野市にある道の駅「旬の味ほりがね物産センター」は、農産加工施設が併設され、女性グループによる手作りのお惣菜やお弁当などが豊富です。長野県松本市にある道の駅「今井恵みの里」は、果樹の産地らしく生産者がつくるジュースやジャムなどの加工品がずらりと並びます。

同じ松本市にある「生産者直売所アルプス市場」では、地元の野菜と花卉《かき》をメインに、米、山菜・きのこ、味噌や漬物など多くの加工品が並び、イベントも定期的に開催しています。ここの特徴は、「土《つち》乃《の》守《まもり》」というアルプス市場オリジナルの完熟堆肥をつくり、販売していることです。一般消費者にも販売し、人気です。これは、農産物の質と味の追求が目的で、結果として土壌保全にもつながります。土乃守だけを使用して栽培した農産物（化学肥料不使用）にはオリジナルシールを貼付し、他の商品と差別化を図っています。

農産物や加工品の販売に加え、農業体験やイベント企画のような消費者との交流、レストランを併設する農産物直売所が増えています。そのため、地元住民だけではなく、観光客も呼び込み、地産地消を通じて都市農村交流や地域づくりにまで発展している取り組みも少なくありません。

生産者と消費者が交流できるファーマーズマーケット

ファーマーズマーケットは、生産者が対面で販売します。農産物直売所と混同されやすいですが、対面販売という点で区別され、消費者の顔を見て会話しながら販売できることが魅力です。副次的な効果もあり、例えば出店する生産者同士の情報交換や交流が生まれ、さらに加工業者と商品開発など出店者同士で新たなビジネスが生まれるケースも見られます。

消費者にとっては、新鮮で顔が見え、安心して農産物を購入できるだけではなく、生産者の考え方や田畑の状況、農産物の特徴、調理方法など様々な情報を得ることができ、心理的

東京都渋谷区にある国連大学の前で開催されている
ファーマーズマーケット「FarmersMarket@UNU」
（提供：FarmersMarket@UNU 事務局）

な距離がより近くなります。規模が大きいファーマーズマーケットでは、加工業者やキッチンカーも出店し、音楽が流れ、イベントが開催されるなど訪れた人たちが楽しく滞在できる開放的な空間です。

都内では、渋谷区神宮前で「Farmers Market@UNU」（毎週土日）、中央区勝どきで「太陽のマルシェ」（毎月第2週土日）、港区のアークヒルズ内で「ヒルズマルシェ」（毎週土曜日）、渋谷区恵比寿の恵比寿ガーデンプレイス内ひろばで「YEBISUマルシェ」（毎月第1・3週日曜日）、墨田区の東武スカイツリーライン曳舟駅前で「すみだ青空市ヤッチャバ」（毎週土曜日）などが定期的に開催されています。これらは、関東地域を中心に全国から生産者が集まります。

また、地元の生産者が集まる小さなファーマーズマーケットも各地で開催されています。例えば、神奈川県鎌倉市の「鎌倉市農協連即売所」は、１９２８年に発足した古いファーマーズマーケットです。毎日開催され、色とりどりの鎌倉野菜は人気が高く、朝早くにレストラン関係者が買い付けに来ます。東京都練馬区では、区がサポートし、複数のマルシェが開催されています。

有機農業と地域をつなぐ「オアシス21オーガニックファーマーズ朝市村」：愛知県名古屋市

「オアシス21オーガニックファーマーズ朝市村」は、有機農業で独立就農した生産者が農産物や加工品を販売する「有機農産物専門」のファーマーズマーケットです。名古屋市の中心部・栄にある都市型公園「オアシス21」で２００４年10月から始まり、２００９年５月からは毎週土曜日（8：30〜11：30）の開催となりました。「オーガニックを日常の食卓に」という思いがあるからです。

野菜は有機栽培のみで、事務局と出店する他の生産者が栽培状況などを確認します。米は

愛知県名古屋市・栄の都市型公園「オアシス21」で毎週土曜日に開催されているオーガニックファーマーズ朝市村の様子（提供：吉野隆子さん）

除草剤1回（現在、1戸以外は有機栽培）、果樹は低農薬まで許容し、その場合は使用状況を表示することが決まりです。栽培方法などを生産者に詳しく確認できるのも、ファーマーズマーケットならではです。

出店者の範囲は、愛知県を中心に隣接する岐阜県、三重県、長野県、静岡県まで含み、地産地消と旬産旬消にこだわっています。

２０２１年５月時点の登録農家数は65戸で、平均年齢は約43歳と若いのが特徴です。その理由は、出店者が独立就農者のためです（新規自営農業就農者で有機農業への転換参入者も含む）。第２章で独立就農者は若く、有機農業との親和性が高いことを確認しました。

独立就農希望者から有機農業への関心が高い半

面、就農後の販売先の確保が大きな課題となっています。この課題解決が朝市村が始まったきっかけです。２００９年からは会場内に「新規就農相談コーナー」を設け、就農から販売まで総合的にサポートを行うようになりました。

朝市村には、たくさんの有機農家が出店しています。そのため、独立就農希望者の要望に合う農家と引き合わせ、研修先を紹介することができます。受け入れ地域のひとつ岐阜県加茂郡白川町では、「ＮＰＯ法人ゆうきハートネット」が独立就農と生活のサポートを行い、地域に有機農業が広がっています。第3章で見た小川町や八郷地区と同様です。

就農後は、朝市村に出店します。飲食店関係者が多く訪れ、新たな販売先の確保にもつながります。さらに、出店者同士で共同出荷を行う動きも生まれています。現在、朝市村を通じて約40名の独立就農者が誕生しました。この広がりは、朝市村にとっても出店者が増え、消費者を呼び込む相乗効果を生んでいます。

私が朝市村に足を運んだ際、まず驚いたのがオープン前からすでに行列ができ、会場全体が活気に溢れ、賑やかだったということです。朝市村には多くのファンがいて、出店者と会話をしながら、楽しく選んでいる姿が印象的でした。日常の食卓を意識した毎週開催だからこそつくり出される関係性です。消費者にも、「ここに来れば有機農産物が手に入る」という安心感があるでしょう。

もうひとつの特徴は、ボランティアが運営を支えていることです。ボランティアは周辺住民や消費者で、その中には子どももいます。子どもにとっては大人と接し、仕事に携わることで社会との接点ができるだけではなく、出店者や消費者と交流し、農産物に触れることで地域や農業への理解につながります。

未来世代を育てる学校給食

学校給食の本質的な存在意義は、「食と農をつなぐ最も身近な結び目」として役割を果たすことです。ただし、食と農の距離の拡大に加え、給食財政のコストダウンやセンター方式導入による効率化が給食の地域農業離れを進めました。

学校給食の実施方式には、「自校方式」と「センター方式」があります。自校方式は学校内にある調理場で調理して提供する方式で、センター方式は複数の学校の給食を一括で調理して配送する方式です。

その後、地産地消の推進が広がり、2000年代半ば以降、学校給食への地場農産物の供給が全国レベルで展開するようになりました。その背景には、地産地消と食育の連携があります。２００５年６月に成立した食育基本法では地場農産物を「生きた食材」とし、地産地消と食育を軸にした学校給食の教育的意義が示されました。２００８年６月には学校給食法の改正により、地場農産物を積極的に活用することが法的にも位置付けられました。

第１次食育推進基本計画では、地産地消の推進とともに、学校給食において都道府県単位での地場産物を使用する割合を２００４年度の21・２％（食材数ベース）から２０１０年度までに30％以上とする目標値を定めました。その割合は、上下しながら２０１９年度時点で26・０％です（文部科学省「学校給食栄養報告」）。２０２１年度から新たに第４次計画が始まりました。

学校給食は、地域農業の振興に効果があります。例えば、市場価格よりも有利な価格で販売できること、安定的な販売先と一定の出荷量の確保が見込め、学校給食を軸にした栽培体系を通じてある程度品目を絞り込めること、農産物直売所やインショップへの出荷のように丁寧な荷造りは必要なく、コンテナ出荷であることなど、煩雑な作業を少しでも効率化できます。母校への出荷は、生産者にとって誇りとやりがいにつながります。

また、地場有機農産物の導入にも注目が集まっています。先駆的な動きが福島県耶麻《やま》郡熱《あつ》塩加納《しおかのう》村（現・喜多方市）、愛媛県今治市などでつくられ、近年は千葉県いすみ市、長野県下伊那郡松川町などで広がりを見せています。これらの地域に共通する点は、有機農業を自然環境や、将来を担う子どもたちの身体と健康を育む「公共性」のある取り組みとして位置付けていることです。行政、生産者、地域住民が一体となり、地域農業の振興も含めた「地域づくり」として進めています。

行政と農協が広げる学校給食の地産地消：東京都小平市

東京都小平《こだいら》市は、都心から西方へ20～30キロの北多摩地域、武蔵野台地のほぼ中央に位置しています。高度成長期以降、多くの人口が転入して宅地開発が進みましたが、１９９０年代前半から都市農業の振興と「農のあるまちづくり」にいち早く取り組んでいます。学校給食への地場農産物導入にも積極的です。

小平市では、19校すべての公立小学校が自校方式です。市は「小学校給食地場農産物導入率30％」を掲げ、２００９年から本格的な取り組みを始めました。利用割合は、２００４年度の２・３％から２０２０年度時点で30・1％まで増加しました。地場農産物の需要と供給、

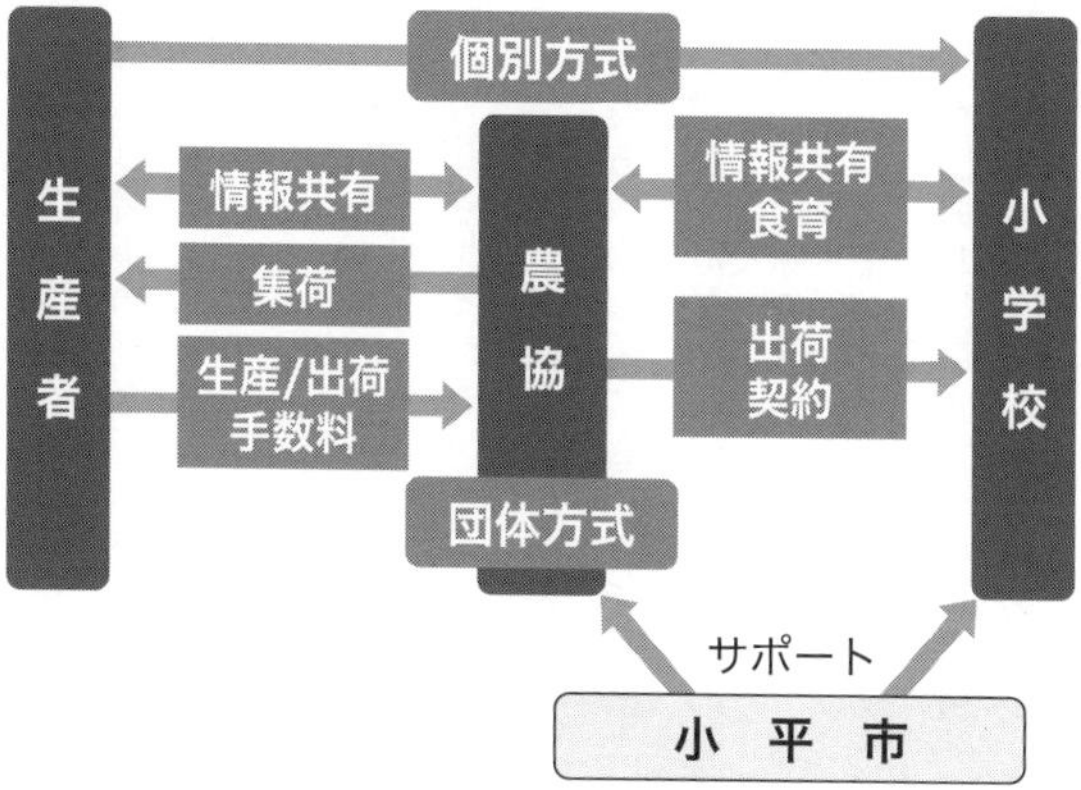

資料：筆者作成

図表4-4　小平市における地場農産物の導入の流れ

双方の拡大を進めていることが大きな要因です。農協の担当者は、これを「需給喚起型」と表現しています。

まず、需要の拡大を見ると、市は2009年度から「小平市立小学校給食地場産農産物利用促進事業」を実施し、学校給食で使用する地場農産物の購入費用の一部を補助しています。地場農産物の利用量を増やすと、その分補助される金額も増える仕組みです。

続いて、供給の拡大についてです。図表4-4は、地場農産物の導入の流れです。地場農産物の供給方法は、各学校と生産者が契約し、納入する「個別方式」と農協が契約し、納入する「団体方式」の二通りがあります。

団体方式について具体的に見ていきます。

市は２０１１年度から「地産地消推進事業」を実施し、地場農産物を配送するための車両の維持経費の一部および燃料費、人件費などを補助しています。学校給食向けの農産物は、市内にある農産物直売所「小平ファーマーズ・マーケット」で集荷し、農協が配送を行っています。

農協が契約、配送を担うことで、新たな生産者の確保につながりました。現在、50軒以上の生産者が団体方式を通じて出荷しています。さらに、学校給食を重視する生産者にとっては出荷量を増やすことも可能になりました。学校給食は、農産物の納入時間が決まっています。個別方式では配達できる小学校は限られ、供給が拡大しませんでしたが、団体方式によって遠方の小学校にも納入できるようになりました。

小学校側は量の確保や新たな農産物が必要になった場合、業者ではなく、団体方式で地場農産物を確保できるようになり、需要の拡大にもつながっています。

また、毎年、全小学校で統一メニュー「小平夏野菜カレーの日」「小平冬野菜煮だんごの日」を実施しています。地場農産物への関心を高めること、季節の野菜を知り、旬の美味しさを味わうことが目的です。煮だんご（すいとん）のように、受け継がれる地域の食文化についても学びます。

　この給食前の学級活動では、農協職員が使用している野菜の説明を行います。生産者は先生役となって生徒からの質問に答え、一緒に給食を食べるなど交流を深めています。小平市には各小学校に学童農園があり、地域の生産者とつながりながら「食農教育」へと展開している点も特徴です。

地域のつながりがつくる「6次産業化」

「6次産業化」という言葉を聞いたことがあるでしょうか。農林水産省のホームページには、「1次産業としての農林漁業と、2次産業としての製造業、3次産業としての小売業等の事業との総合的かつ一体的な推進を図り、農山漁村の豊かな地域資源を活用した新たな付加価値を生み出す取組です。これにより農山漁村の所得の向上や雇用の確保を目指しています」（農林水産省ホームページ「農林漁業の6次産業化」）と書かれています。

　6次産業化は、1次産業×2次産業×3次産業です。1次産業がなくなれば2次、3次産業も成り立たないという意味合いを込めて、足し算ではなく、「かけ算」です。その目的が地域農業の振興にあることがわかります。

具体的な取り組みは、「農産物直売所」「農産加工」「観光農園」「農家レストラン」「農家民宿」などです。これらは、6次産業化という言葉ができる前から、中山間地域や女性たちの実践など各地に広がっていました。地域と向き合い、時代を先取りしていたということでしょう。

その中心は、農産物直売所と農産加工です。2019年時点で、全国の農業生産関連事業による年間総販売金額2兆773億円のうち、農産物直売所が50・7％、農産加工が45・6％で96・3％を占めています。そのうち農産加工について見ると、事業体数は2010年の2万8180から2019年時点で3万2400、年間販売総金額は同期間で7784億円から9468億円に増加しています（農林水産省「6次産業化総合調査」）。

農産加工は、地域およびその周辺の農産物を加工・販売する事業で、生産者自ら加工・販売まですべてを行う取り組みと生産者が生産、加工は農協や生産者グループ、民間企業などに委託し、販売する取り組みがあります。後者は「地域の6次化」といわれ、地域を構成する多様な担い手が連携し、起業することです。

6次産業化は、豆腐や醤油、味噌、ジャム、日本酒、ワインなど多くの食品で取り組まれています。わかりやすい例がワインです。2008年に構造改革特別区域としてワイン特区が導入されたこともあり、個人でワイナリーを起業する生産者が増え、一方で老舗のワインメーカーは、自社栽培や地域の生産者と契約栽培を行い、「地域ブランド」に育てていく動きが見られます。

伝統的な食文化を継承する「株式会社小川の庄」：長野県上水内郡小川村

長野県小川村は、県の北東部、長野市と白馬村のほぼ中間に位置し、山林原野が7割以上を占める山間地域です。稲作に適さない自然条件の中、主食の小麦やそばなど雑穀類、豆類、野菜が多く栽培されていました。

その小麦を使用した料理が「おやき」です。おやきは、小麦粉と水を練り合わせた皮に、野菜や山菜を炒めて味噌や醤油で味付けした具を包み込み、蒸し焼きにします。冬季の代用食として重宝され、その味は家庭ごとに受け継がれてきました。信州の郷土料理としても、全国的に有名です。

「株式会社小川の庄」は、１９８６年5月に地元青年グループのメンバーや農協、漬物加工会社、地元住民が共同出資して設立されました。地域全体で取り組みを開始したことが特徴

長野県小川村にある「小川の庄」。「おやき」の実演販売の様子
（撮影：筆者）

です。１９８６年10月には「縄文おやき村」を開村しました。おやきや漬物などの製造・販売のほか、おやきも含めた郷土食を味わえる飲食店を構え、おやきの実演販売やおやきづくりも体験できます。

全体の売り上げのうち、おやきが6割ほどを占めます。おやきの定番は、野沢菜やあんこ、なす、切り干し大根、かぼちゃ、野菜ミックスなどで、高齢者の知恵やアイデアを活かした商品づくりを行っています。具材の調達で契約している農家数は約30軒です。商品にならない規格外野菜なども積極的に購入しています。

おやきの販売先は、卸し、百貨店の催事、県内で開かれるイベントやお祭りへの出店、直営店、ネットショップです。卸先は生協や土産問屋など月１００社ほどになります。直営店はおやき村に加え、長野市内に2店舗構えています。

小川村の高齢化率は40%を超え、世帯規模の縮小に伴い高齢者の独居や二人世帯が増加しています。小川の庄の経営理念は、「村人が生涯現役で生き甲斐を持って働ける」です。地元住民の暮らしを支え、地域を守ることが設立の背景にあります。

社員数は、２０２１年５月時点で72名です。60代と70代以上がそれぞれ15名で約半数、50代まで含めると６割近くになります。若い世代の雇用も徐々に増え、10～40代も４割ほどいます。女性社員は６割ほどです。高校卒で入社した地元出身の10代の社員、移住して親子で働く社員もおり、高齢者や女性を中心に幅広く雇用の受け皿となっています。

４・３　ローカル・フードシステムがつくる持続可能な地域

生産者と消費者の暮らしを守り、育む

これまで見てきたローカル・フードシステムは、暮らしや地域、社会にどのような影響を与えているのでしょうか。その意義について、次の三点から考えていきましょう。

一点目は、生産者と消費者、それぞれの暮らしを守ることです。生産者の経済的なメリッ

トは、現金収入です。オルタナティブ・フードシステムは、市場が価格を決めるのではなく、「生産者自ら価格を決める」「消費者と話し合って納得のいく価格を設定する」ことが基本です。特に、農産物直売所は高齢者や女性、自給的農家にとっての貴重な販売先です。消費者は生産者の顔が見える関係性の中で、新鮮で安心・安全な農産物を安定的に確保することができ、食卓が充実します。

二点目は、生産者と消費者の「コミュニケーション」が生まれることです。言い換えれば、お互いが「意識」し合える関係性になります。その度合いには濃薄がありますが、ローカル・フードシステムでは少なからずコミュニケーションが図られています。生産者は地元の消費者のことを意識して生産に励むようになり、消費者も地元の生産者、農業のことを意識し、新たな地域の魅力に気付くきっかけになるでしょう。購入した食材を通して食卓の会話も弾みます。このコミュニケーションが生産者にとっては「生きがい」に、消費者にとっては「暮らしの安心」につながります。

環境・経済・社会の循環をつくり、地域を再生する

三点目は、ローカル・フードシステムを軸にした「地域づくり」に展開していることです。この点については、多様な地域（中山間地域、都市的地域）で、多様な担い手（女性、高齢者、小規模農家、独立就農者）によって取り組まれていることからもわかります。

図表４-５（次ページ）は、ローカル・フードシステムの効果についてです。農業の「多面的機能」という言葉があります。その意味は、農業が食料の供給だけではなく、国土の保全や水源のかん養、自然環境の保全、生物多様性の保全、良好な景観の形成、気候の緩和などの役割も果たしているということです。

多面的機能は、主に環境保全の側面から言及されています。生産を支えるローカル・フードシステムは、そのような環境保全に大きく貢献しています。同時に、食と農のつながりをつくり出すことで、都市農村交流、雇用の創出、食農教育、食文化の継承など地域経済の循環や地域社会の安定化といった地域全体への波及効果も生み出し、「社会経済的機能」を発揮しています。

このように、ローカル・フードシステムは、単なる地域内での農産物流通にとどまらず、

資料：筆者作成

図表4-5　ローカル・フードシステムの効果

地域と社会の維持・発展にとってなくてはならない「公共性」が極めて高い取り組みといえます。

コロナ禍で私たちの食卓は変わるのか

総務省の「家計調査」（2人以上世帯＝平均2・95人）によると、2020年の消費支出額全体に占める家庭内調理（内食）の支出比率が21％になり、比較可能な2001年以降で過去最大となりました。コロナ禍による外出自粛に伴い外食が大幅に減り、「巣ごもり需要」の高まりが主な要因で、「食の内食化」は今後も続くと見られています（日本農業新聞２０２１年2月7日付）。

コロナ禍は、私たちの食卓を大きく変えました。みなさんも家庭で食事をする機会が増えたのではないでしょうか。このような内食需要の増大を支えているのは、国内の生産者で、オルタナティブ・フードシステムの役割が再評価されています。

実際、外出せずに購入できる生協産直や宅配サービス、産直ＥＣサイトの会員数は大きく増加し、農産物直売所は大盛況で、地域の食卓と暮らしを守る拠点としてこれまで以上に存在感が増しています。農業生産、農産物の流通と販売を支える人たちがいたからこそ、私たちの食卓は守られたのです。改めて、身近にある農業の大切さとそれに携わる人たちの「エッセンシャルワーカー」としての重要性を再認識し、暮らしの安心を実感したことでしょう。

またコロナ禍は、食料自給や地元の農業などに関心が向けられるきっかけとなりました。こうした動きは、今後も続くのでしょうか。今回は、外出自粛といった「ネガティブ」なインパクトによってもたらされました。この場合、コロナ禍がある程度収まれば、リバウンドのようにまた元の状態に戻ってしまう可能性が大いにあります。

コロナ禍がこれからの食と農のつながりを考える一歩となるために、何が必要でしょうか。現在、環境や人、地域にやさしい「エシカル（倫理的）消費」への関心が高まり、地産地消や有機農産物の消費もその代表例です。私たちの消費が持続可能な社会をつくり、社会に「ポジティブ」なインパクトを与える行動として捉えることができれば、食と農の分断という閉塞感に少しでも風穴を開けることができるのではないでしょうか。そのためには、ローカル・フードシステムの広がりが極めて重要といえます。次章でＣＳＡに焦点を当て、考えていきましょう。

引用・参考文献

大江正章（２０２０）『有機農業のチカラ：コロナ時代を生きる知恵』コモンズ

小口広太（２０１２）「小さい農業の現場から」『kototoi』vol.3、菊谷文庫、pp.59-78

小口広太（２０１９）「伝統的な食文化の継承とむらづくりに取り組む小川の庄（長野県小川村）」一般社団法人アグリフューチャージャパン企画・編集『奮闘する地域商社：地域と農業の再生に向けて』日本農業経営大学校ブックス５、pp.133-144

小口広太（２０２０）「食と農をつなげるフードシステム」千葉商科大学人間社会学部編『はじめての人間社会学』中央経済社、pp.189-200

金子美登（１９９２）『いのちを守る農場から』家の光協会

小林芳正、境野健兒、中島紀一（２０１７）『有機農業と地域づくり：会津・熱塩加納の挑戦』筑波書房

荷見武敬、根岸久子、鈴木博編集（１９８６）『農産物自給運動：21世紀を耕す自立へのあゆみ』御茶の水書房

荷見武敬、根岸久子（１９９３）『学校給食を考える：食と農の接点』日本経済評論社

星寛治（２０００）『有機農業の力』創森社

室屋有宏（２０１４）『地域からの六次産業化：つながりが創る食と農の地域保障』創森社

安井孝（２０１０）『地産地消と学校給食：有機農業と食育のまちづくり』コモンズ

第5章

食と農をつなぐＣＳＡの可能性

第５章では、ローカル・フードシステムのひとつ「ＣＳＡ（Community Supported Agriculture)」について取り上げます。近年、関心が高まる背景、食と農をつなぐキーワードになり得る可能性について検討し、さらにＣＳＡをどのようにつくるのか、「コーディネーター」の役割とその条件について考えていきましょう。

５・１　ＣＳＡは食と農をつなぐ切り札になるか

世界的に広がるＣＳＡ

ローカル・フードシステムは、日本国内だけではなく、世界的に広がりを見せています。その中でも、ＣＳＡに大きな関心が集まり、多彩な実践が生まれています。

ＣＳＡの起源は、１９８０年代半ばにアメリカ北東部地域にある二つの農場から始まったとされています。アメリカでは一般的な農業経営モデルとして受け入れられ、世界30か国以上でＣＳＡに相当する活動が取り組まれています（農研機構農村工学研究所〈２０１６〉『ＣＳ

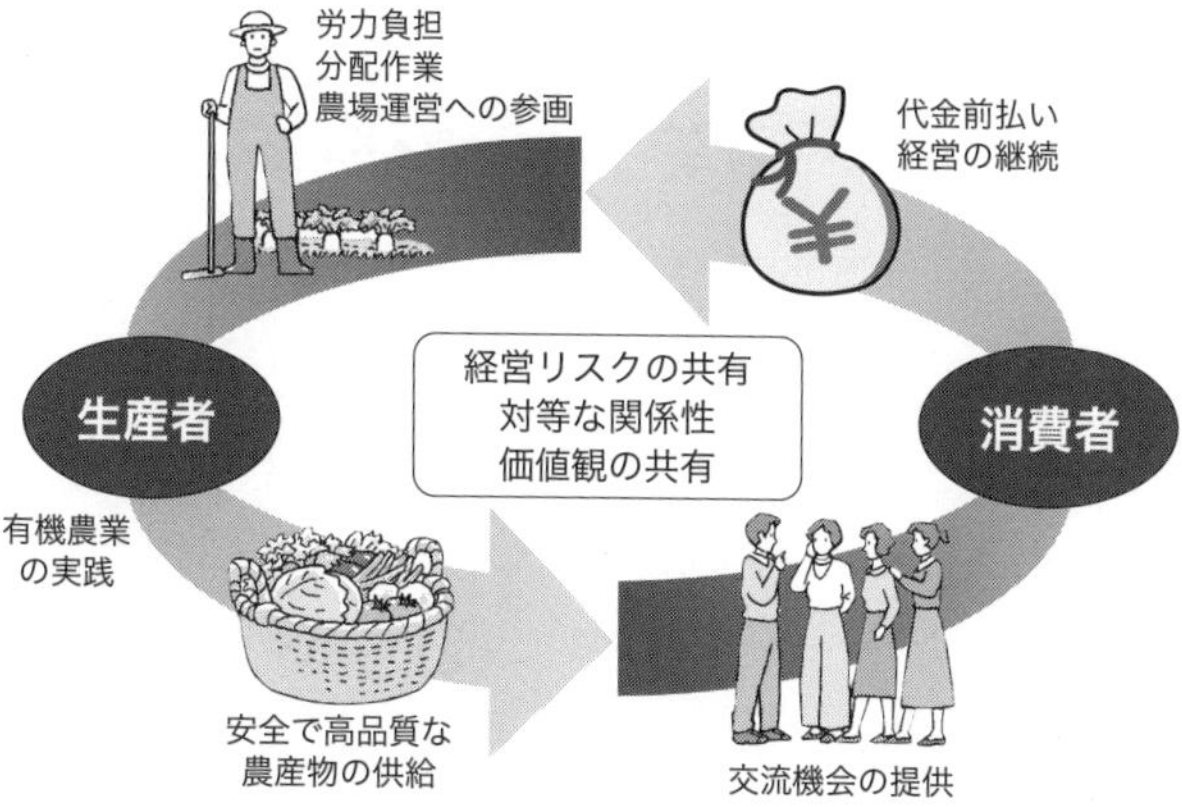

資料：『CSA（地域支援型農業）導入の手引き』（農研機構農村工学研究所・2016）、p.2、図1を修正・加筆し、筆者作成

図表5-1　CSAのコンセプト

A（地域支援型農業）導入の手引き』3ページ）。

図表5-1は、CSAのコンセプトです。CSAに厳密な定義はありませんが、その動向を総合的にまとめた『分かち合う農業CSA』では「地域の生産者と消費者が食と農で直接的に結びつき、コミュニティを形成して生産のリスクと生産物（環境を含む）を分かち合い、たがいの暮らし・活動を支え合う農業（波夛野豪、唐崎卓也編著〈2019〉『分かち合う農業CSA：日欧米の取り組みから』創森社、11ページ）」としています。

CSAは生産者と消費者の関係性を重視し、双方が経営のリスクを共有しながら支え合う仕組みです。その特徴として「有機農業（環境に配慮した農業）の実践」「年間（半年）を前提とした前払い方式」「援農など農場運営への積極的な関与」「小規模・家族経営、新規就農者の支援」などが挙げられます。生産者が少量多品目の野菜を生産し、消費者が定期的に購入するパターンが典型です。

日本でも注目が集まり、ＣＳＡという言葉を通して食と農や有機農業に関心を持つ人も少なくありません。ＣＳＡに限ってみると、明確なコンセプトを打ち出し、導入している農業経営は、「なないろ畑」（神奈川県大和市）、「メノビレッジ長沼」（北海道長沼町）、「つくば飯野農園」（茨城県つくば市）、「わが家のやおやさん 風の色」（千葉県我孫子市）などで、少数にとどまっています。ただし、日本の有機農業を社会的に広げてきた提携はＣＳＡの源流のひとつといわれ、生協産直なども含め、各地でＣＳＡに相当する活動が歴史的に根付いているといえます。

ＣＳＡの「コミュニティ」は何を指すのか

ＣＳＡは、一般的に「地域で支える農業」「地域支援型農業」と訳されます。「コミュニテイ」は「地域」と認識され、「地域の消費者が生産者を支える」と解釈できます。これがCSAのひとつの形であり、目指されている姿です。

ここでは、このコミュニティという言葉について考えてみます。コミュニティの種類には、「ローカル型」と「テーマ型」があり、これをどう解釈するかでCSAという言葉の持つ意味、可能性の幅が変わってくるからです。

ローカル型は、物理的な範囲のコミュニティで、先ほど見たような地域と同様の意味です。例えば、市区町村などの行政区、もっと小さな範囲だと町内会のような地縁も含まれます。テーマ型は、関心や価値観の共有を通じて形成され、地域や人を限定せず、理念や活動に共感すれば誰でも自由に参加できるオープンなコミュニティです。NPOのようなネットワーク型組織を思い浮かべると理解しやすいでしょう。ローカル型はその範囲の外に広がりを持ちませんが、テーマ型は地域の外にも広がりを持ちます。

CSAは、食と農をつなぐキーワードとして幅広い観点から関心が持たれています。その代表的な活動が「食べる通信」と「鳴子の米プロジェクト」です。この二つの取り組みがCSAという言葉をどのように捉え、実際に活動を広げているのか見ていきましょう。

「食べる通信」がつくるCSAの形

「食べる通信」は「食べもの付き情報誌」です。食べる通信の編集部が選んだ生産者を特集する情報誌とその生産者がつくる食べものがセットで届けられる会員登録制の定期購読誌になります。刊行頻度は毎月、隔月、季刊と食べる通信ごとに異なり、食べものは農水畜産物や加工品まで含みます。情報誌は、食べものの情報とともに、生産者の思いや考え方、生産の喜びや苦労、地域の観光情報など取材内容が満載で、写真がふんだんに盛り込まれたカラーの誌面です。

「ちば食べる通信」の表紙
（提供：佐藤謙太さん）

食べる通信発刊のきっかけは、２０１１年３月11日に起こった東日本大震災の復興支援でした。２０１３年７月に「東北食べる通信」が創刊されると、日本食べる通信リーグへの加盟団体は増加し、創刊団体数が56、２０２１年７月時点で23通信（国内19、海外４）が発刊されています（食べる通信ホームページ）。食べる通信のホームページでは、全国の食べる通信一覧が確認でき、誰でもすぐに申し込みができます。私は、２０２０年11月に創刊された「ちば食べる通信」を定期購読しています。料金は、月額３３００円（税込、送料込）です。

食べる通信は、購読して終わりではありません。購読後に「コミュニティ」をつくる仕組みがあり、これが読者を惹き付けています。そのひとつがFacebookを活用した読者限定グループページの運用です。このグループページには、生産者も参加しています。目的は、読者同士、生産者と読者の交流です。読者は感想や調理方法などを投稿して盛り上がり、生産者もそれに応えます。生産者にとっては読者の感想を直に聞ける貴重な場です。編集部は、取材の様子や関連するイベントや情報などを発信できます。単に購入したら終わりではなく、その後も生産現場とのつなが

（上）「ちば食べる通信」の撮影風景
（撮影：佐藤謙太さん）
（下）発送作業後に生産者と記念撮影
（撮影：佐藤謙太さん）

りが継続できるわけです。

　東北食べる通信を創刊した日本食べる通信リーグ代表の高橋博之さんは、「同じ時期に、同じ物語を読んで、同じものを食べていること。この『体験の共有』が、コミュニケーションをオープンにさせ、活発にもしている」とし、読者は「共通の価値」を通じてコミュニティを形成し、「共感の輪」が広がっていると述べています（高橋博之〈２０１５〉『だから、ぼくは農家をスターにする：「食べる通信」の挑戦』ＣＣＣメディアハウス、１０７ページ）。さらに、こうしたＳＮＳ上でのコミュニティだけではなく、生産現場を訪ねる交流イベントや体験ツアーが各通信で開催され、「リアルなコミュニティ」もつくり上げています。

　また、食べる通信は特定の生産者と読者をつなげ、支え合う定期販売の仕組みとして、ＣＳＡに取り組んでいます。高橋さんはＣＳＡを「自分の選んだ食べもののつくり手と交流しながら、食べものをつくる楽しさや苦労、収穫の歓びを分かち合うコミュニティサービス（高橋博之〈２０１６〉『都市と地方をかきまぜる：「食べる通信」の奇跡』光文社新書、１６７ページ）」として位置付けています。

　生産者と読者をつなぐコミュニティの運営は、読者が「ＣＳＡマネージャー」として担います。食べる通信と同様、Facebook のＣＳＡ会員限定グループページで交流し、生産者は現場の様子、読者も感想などを投稿します。生産現場では、読者が援農を行うなど、生産者とより深く、長く関わるコミュニティといえます。

ちなみに、第４章で取り上げたポケットマルシェは、高橋さんが２０１６年９月に開始した食べる通信をビジネス化し、日常的に生産者と消費者をつなぐサービスです。

「関係人口」を育てる

近年、「関係人口」という言葉が都市と農村をつなぐキーワードとして、多方面で使われるようになりました。総務省の「関係人口ポータルサイト」によると、関係人口とは「移住した『定住人口』でもなく、観光に来た『交流人口』でもない、地域や地域の人々と多様に関わる人々」を指します。

関係人口は、一度訪問したら終わりという旅行や観光とは異なり、訪問した地域と関わり続け、地域外からでも多様な関わり方を模索し、行動する人口のことです。地域の「ファン」になると表現すれば、想像がしやすいでしょう。

図表５‐２（次ページ）は、関係人口・交流人口・定住人口の関係図です。これには、

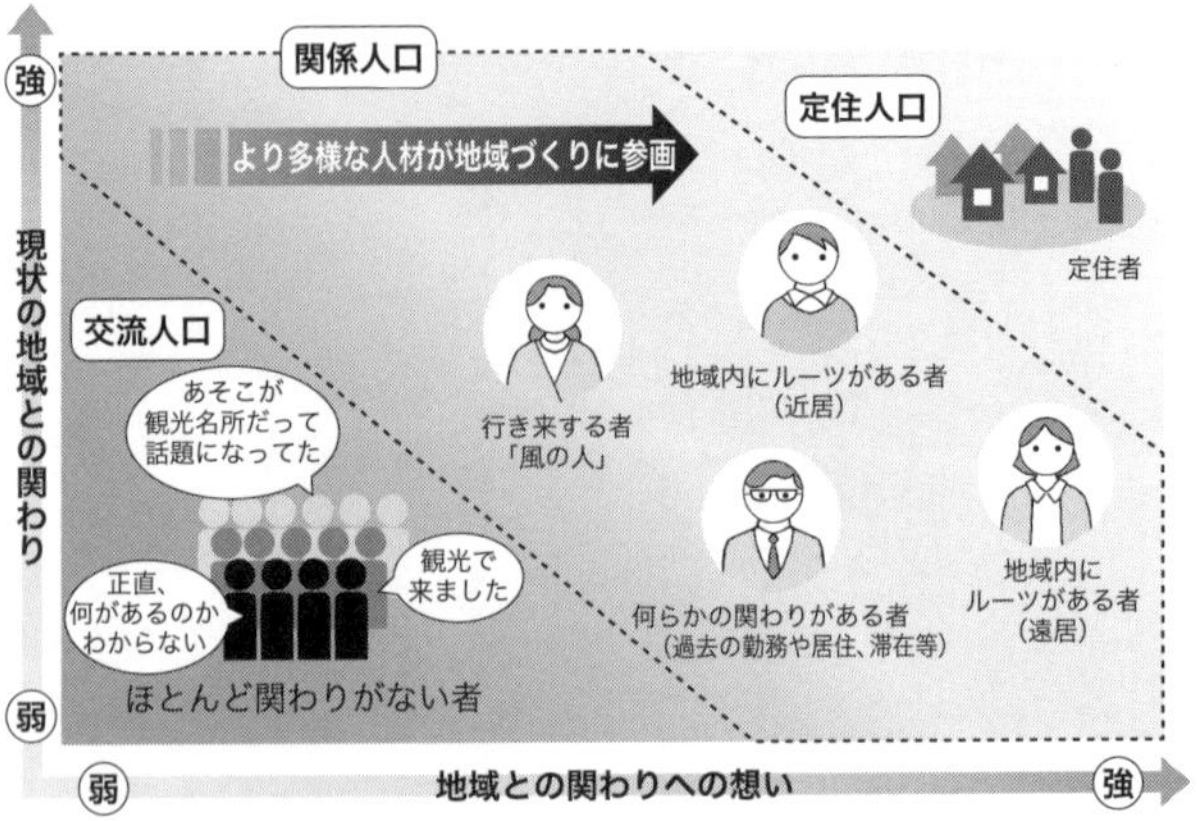

資料：総務省「『関係人口』ポータルサイト」より、筆者作成

図表5-2　関係人口・交流人口・定住人口の関係図

「交流人口――→関係人口――→定住人口」という連続性があります。第2章で見た鈴木寛太さんがそうで、震災復興ボランティアで岩手県を訪れて活動したことをきっかけに強い思いを抱くようになり、地域おこし協力隊を通じて定住しました。

確かに、このようなプロセスは理想的です。ただし、すべてが関係人口から定住人口につながるわけではなく、ましてや無理につなげる必要もありません。移住・定住は地域への「共感」の結果でしかないのです。

関係人口という言葉の持つ意義は、「観光か、定住か」ではない多様な関わり方を可視化したことにあります。つまり、地域づくりを主体的に担う存在として、その役割に注目が集まっています。

食べる通信も、この関係人口をつくる手段です。高橋さんは、「都市と地方がかきまぜられた状態」と言い表し、食から農への多様な関わり方について、次のように述べています。

> 私はよく階段に例えるのだが、読者になることが階段の一段目。イベントに参加することが二段目。コミュニティ運営に携わるのが三段目。「食べる通信」を卒業し特定の生産者を応援するのが四段目。実際に移住して生産者になるのが最上段といった具合だ。
> （高橋博之〈２０１６〉『都市と地方をかきまぜる：「食べる通信」の奇跡』光文社新書、１６８ページ）

「鳴子の米プロジェクト」がつくるCSAの形

宮城県大崎市の西部に位置する鳴子温泉地域は、森林が約90%を占める山間地域です。「鳴子の米プロジェクト」（２００８年10月、ＮＰＯ法人化）は２００６年に始まりました。条件不利な地域を排除し、経営規模の大きい担い手に支援を集中する農業政策に危機感を持った農家が地域づくりをともに取り組んできた結城登美雄さんに相談したのがきっかけです。

鳴子の米プロジェクトには、ＣＳＡとしていくつかの特徴があります（中川恵〈２０１８〉「宮城県・鳴子の米プロジェクトの『農をあきらめない』試み：地域支援型農業による買い支えの12年」『農業と経済』Vol. 84 No. 1、昭和堂、63〜70ページ）。

ひとつは、品種の選定と地域の風土に適した稲作です。鳴子温泉地域では県の代表品種であるササニシキやひとめぼれが育たない冷涼な気候、短い日照時間、冷たい水で、苦労を重ねながら稲作に励んできました。

その中で、耐冷性が際立ち、イモチ病に強い山間寒冷地に適した「東北１８１号」という品種に出会いました。低アミロース米でもちもちとした粘り、冷めても硬くなりにくく、おむすびやお弁当、おはぎなど幅広い食べ方が提供できます。東北１８１号は、鳴子の米プロジェクトが提案した「ゆきむすび」という名称で新品種登録されました。

もうひとつは、再生産可能な価格で買い支えることです。米価が下がる中、日本の稲作はつくればつくるほど赤字です。鳴子の米プロジェクトでは、農家が見返りをしっかり受け取れる販売価格として、1俵（60キロ）を２万４０００円に設定しました。その仕組みは、「年間事前予約・前払い制」です。

農家の手取りは1万８０００円、残りの６０００円は鳴子の米プロジェクトの運営費、米の保管料、若者の農業や定住支援に当てています。さらに、田植えや稲刈りの交流会、大学生の杭掛け、脱穀のボランティアなど消費者が地域に入り、生産者と交流する機会を設けています。

２００９年12月には、地元におむすびのお店「むすびや」をオープンし、観光客や地元住民の交流拠点をつくりました。その後、東日本大震災の影響で施設が壊れ、取り壊されてしまいましたが、クラウドファンディングなどを活用して資金を集め、２０１７年４月に再オープンしました（鳴子の米プロジェクトホームページ）。

２０１５年（２０１４年産米）からは、首都圏でおむすびチェーン「おむすび権米衛」を運営する「株式会社イワイ」との契約販売も始まりました。これは鳴子の米プロジェクトで研修した大学生がイワイに就職し、提案したことがきっかけです（日本農業新聞２０１６年１月１日付）。

消費者から「食の当事者」へ

結城さんは、「地元学」を提唱しています。「地元学は理念や抽象の学ではない。地元の暮らしに寄り添う具体の学である（結城登美雄〈２００９〉『地元学からの出発』農山漁村文化協会、14ページ）」と述べ、次のように説明しています。

いたずらに格差を嘆き、都市とくらべて『ないものねだり』の愚痴をこぼすより、この土地を楽しく生きるための『あるもの探し』。それを私はひそかに『地元学』と呼んでいるのだが、要はこれからの家族の生き方、暮らし方、そして地域のありようを、この土地を生きてきた人びとから学びたいのである。性急に経済による解決を求める人間には、ここには何もないと見えてしまうだろうが、自然とともにわが地域を楽しく暮らそうとする地元の人びとの目には、資源は限りなく豊かに広がっているはずである。

（結城登美雄〈２００９〉『地元学からの出発』農山漁村文化協会、２ページ）

結城さんは、鳴子の米プロジェクトを「米の地元学」と呼んでいます。ゆきむすびは、環境に負荷をかけない減農薬・減化学肥料で栽培され、県の「みやぎの環境に優しい農産物認証制度」を取得しています。刈り取った稲は一束一束丁寧に杭掛けを行い、天日でゆっくり自然乾燥させています。あえて手間暇をかけることで農家の思いが込められ、米づくりと美しい景観がその土地に生きる人々の農の営みによって維持されていることがわかります。

そして、農家だけではなく、地元の旅館やホテル、女性グループ、農協、行政など地域全体を巻き込み、消費者の輪も全国に広げ、地域内外にコミュニティを形成しています。その結果、ゆきむすびは「地域ブランド」となり、地域農業を育んでいるのです。

結城さんは、鳴子の米プロジェクトを支える消費者の姿について、次のように述べています。

> 安くて安全であればよいという消費者から、農と自然と暮らしを大切に思う、食の当事者になる人びとが増えている。（結城登美雄〈２００９〉『地元学からの出発』農山漁村文化協会、17ページ）

「コミュニケーションが支える農業」としてのＣＳＡ

実際にＣＳＡのコミュニティを見ると、「ローカル型か、テーマ型か」と分けることはできず、重なり合っています。その中で、食べる通信はテーマ型、鳴子の米プロジェクトはローカル型とテーマ型のいずれも重視していました。

ＣＳＡが目指すひとつの理想的な形として、「トゥルーＣＳＡ」があります。これは、図表５‐１（１６１ページ）に示したコンセプトにある通り、地元の消費者が農作業や仕分けなど生産者と一体となって農場を運営し、有機農業を支えるコミュニティです。

これを「狭義のＣＳＡ」とすれば、その周辺にはこれまで見てきたオルタナティブ・フードシステムを幅広く含む形で、そのようなコンセプトを共有する「広義のＣＳＡ」が多数存在しています。

特徴のひとつは、有機農業に限定しないことです。「有機農業か、慣行農業か」という枠組みではなく、自然に寄り添う姿勢が農業という営みに含まれているかどうかが重要で、多様な農業を包摂する意味を込めています。もうひとつは、消費者との距離を同じ地域内に限定しないことです。支える消費者は、地域内外に広がり、時には地域外がほとんどを占める場合もあります。

ここで注目したいのが「狭義か、広義か」に関係なく、どのＣＳＡでも生産者と消費者が何かしらの形で出会い、それを促す仕組みがあることです。狭義のＣＳＡでは日常的に農作業を手伝う一方で、広義のＣＳＡではそこまでできませんが、農業体験や収穫祭といった生産者と消費者の交流、ＳＮＳ上で情報交換を行う機会などが設けられています。

ＣＳＡは、生産者と消費者が単に商品を売り買いする関係ではありません。買い支えることはもちろんですが、お互いに関心を持ち、「共感し合う」関係性が同時に築かれていることがより重要となります。言い換えれば、「心理的な距離」が近付くということです。そのプロセスで、消費者は農産物を購入するという受動的な姿勢からそのストーリー性に共感を覚え、少しでも生産に関わろうという「能動的」な姿勢に変化します。これが関係人口であり、食の当事者です。

ＣＳＡには、テーマ型コミュニティの形成がどの取り組みにも共通しています。生産者と消費者の物理的な距離が近くても、その関係性が継続できるとは限りません。心理的な距離の近さが生産者と消費者をつなげ、関係性を継続する必須条件といえます。

このように見ると、ＣＳＡのＣは、「コミュニケーション」に限りなく近い意味ではないでしょうか。ＣＳＡは、「コミュニケーションが支える農業」です。ＣＳＡには食と農のつながりを再構築していく可能性があり、現在の食と農のあり方について重要な問題提起をしているのです。

それでは、ＣＳＡをどのようにつくることができるのでしょうか。第3章で取り上げた埼玉県小川町にある集落と企業が取り組むＣＳＡを紐解きながら考えていきます。鍵となるのは、ＣＳＡをつくる「コーディネーター」の存在です。

５・２　有機の里づくり：埼玉県小川町下里一区

農業の戦後史

下里一区は、下里地区にある四つの集落のうちのひとつです。小川町の南東端に位置し、周囲を里山に囲まれ、その間を細長く約17ヘクタールの水田が広がります。営農はこの水田を中心に、畑地では自給用野菜や果樹が少々作付されています。

下里一区では、戦後、自給用の稲作と裏作で麦、養蚕用に桑が栽培されていました。養蚕は、戦前から１９７０年代にかけて農家の生計を支える貴重な収入源でしたが、これだけでは十分な収入が得られませんでした。加えて、乳牛や鶏などを取り入れ、深刻な燃料不足への対応と小川町の伝統産業・和紙の原料となる楮《こうぞ》を煮る燃料として冬季に木炭や薪も生産しました。

１９６０年代以降、養蚕や林業が衰退する中、それに代わる椎茸の生産など複合経営で生計を成り立たせていましたが、高齢化や後継者不足が進み、農道や水路の維持管理が十分に行えないなど営農環境は悪化していきました。

このような課題を解決するために、１９８８年から圃場整備を開始し、生産調整政策の一環として転作作物の小麦、大豆を栽培するブロックローテーション方式を導入しました。その後、「下里機械化組合」を設立し、大型機械の導入によって作業効率は改善したものの、農協出荷だけでは利益が上がらず、厳しい経営が続いていたのです。

有機農業への転換を促した「地域の6次産業化」ネットワーク

専業農家である安藤郁夫さんは、農家の減少と耕作放棄された水田の増加を憂慮し、同じく下里一区の水田を耕作する下里二区の金子美登さんに相談しました。すると金子さんから「空き地に大豆をつくれば、売ってあげますよ」と提案があり、すでに大豆を出荷していた隣接するときがわ町の豆腐屋など地場加工業を紹介されました。その際の出荷条件が「有機農業」でした。

安藤さんは、2000年頃から耕作放棄地を借り、大豆の栽培を開始しました。2003年から下里機械化組合が作業を受託して面積を広げると、2004年には小麦も有機農業に転換しました。大豆と小麦は、下里機械化組合が地権者から農地を借り、生産から収穫、袋詰めなど作業から販売までを一貫して請け負っています。販売先は、霜里農場や独立就農者が構築してきた近隣の地場加工業（豆腐、醤油）に共同出荷できました。

このように、有機農業に転換した際に課題となる販売先の確保は周囲のサポートで解決できました。下里機械化組合の経営が改善に向かったのは、地場加工業への出荷が軌道にのり始めた2003年以降のことです。

集落ぐるみの有機農業

ところが、稲作は事情が異なりました。堆肥散布、収穫、乾燥といった作業を下里機械化組合が請け負っていますが、生産と販売は個々の農家に任され、有機農業への転換がなかなか進みませんでした。

そのような状況のもと、2006年に安藤さんがいち早く有機農業に転換しました。その後、２００７年から始まった「農地・水・環境保全向上対策」による営農活動への支援、有機稲作の技術を学ぶ勉強会などをきっかけに他の農家も有機農業に転換し始めました。

ここで問題になるのが販売先の確保です。霜里農場や独立就農者は、消費者に直接販売しており、販売先の共有ができませんでした。安藤さんは金子さんの紹介で椎茸を販売し、交流を続けていた神奈川県横浜市の消費者グループや金子さんの有機農業仲間の紹介で自然食レストランに出荷しましたが、そこも２００８年に閉店してしまい、再び販売先の確保が課題となりました。

販売先が安定しない中、２００９年3月から「株式会社ＯＫＵＴＡ」の社員に有機米を届ける「こめまめプロジェクト」が「ＮＰＯ法人生活工房つばさ・游《ゆう》」との協働で始まりました。こめまめプロジェクトをきっかけに、稲作の販売農家10戸すべてが転換し、「集落ぐるみ」の有機農業が実現したのです。

有機農業を軸にした地域づくり

このような有機農業の広がりは、集落に様々な波及効果をもたらしています。まず、３名の女性が農薬や化学肥料を使用していなかった自給畑の野菜を再評価し、２００９年に「下里有機野菜直売所」を立ち上げました。この直売所には多品目の野菜が並び、観光客やイベントで小川町を訪れた人たちだけではなく、都内のレストランからも買いに来るほど好評です。

また、集落ぐるみの有機農業は地域住民の意識の中に有機農業と環境保全の重なりを芽生えさせ、例えば、用水堰《せき》の補修や維持管理、定期的な草刈りやヒガンバナの植栽、観光客向けに間伐材を利用したベンチの設置など、美しい農村環境をつくる活動が広がっていきました。有機農業の広がりによってホタルなどの生き物が増加し、自然環境の保全にもつながっています。

２０１０年からは、アウトドアメーカーの「パタゴニア（Patagonia）」が提唱する「1% for the Planet」に賛同するＯＫＵＴＡの支援のもと、下里一区の任意団体「美郷刈援隊」と協働で里山保全活動を開始しました。「下里里山１００年ビジョン」を策定し、里山と川と田んぼを結ぶ「山―川―田んぼプロジェクト」にも取り組んでいます。

下里一区では、地場加工業やこめまめプロジェクトを通じた企業への出荷のように販売先がしっかり確保されたことで集落ぐるみの有機農業を実現し、そのプロセスの中で、地域環境を保全する「有機の里づくり」への展開が内発的に生まれています。こうした活動が評価され、２０１０年11月に「下里農地・水・環境保全向上対策委員会」が第49回農林水産祭「むらづくり部門」で天皇杯を受賞しました。

５・３　企業版ＣＳＡ「こめまめプロジェクト」

ＮＰＯ法人生活工房つばさ・游の概要

こめまめプロジェクトは、ＣＳＡを導入しています。その仕組みづくりは、生活工房つばさ・游の存在なくては実現しませんでした。

理事長の高橋優子さんは、愛媛県で生まれ、サラリーマン家庭に育ちましたが、周囲には田畑があり、農業が身近な存在でした。結婚を機に東京へ引っ越し、大学の付属病院に栄養士として働く中で、予防医学としての食生活に強い関心を持つようになりました。その後、茨城県へ引っ越すと、市役所職員の紹介で有機農家から直接農産物を購入する取り組みを始めました。

高橋さんは1989年に小川町へ引っ越し、初めて有機農家と出会ったのが1999年に発足した「小川町環境基本計画策定町民協議会」でした。そのまちづくり分科会への参加をきっかけに、2000年10月に女性3名で生活工房つばさ・游を立ち上げました（2009年8月、NPO法人化）。

生活工房つばさ・游の活動は、地域の暮らしに関する様々な取り組みを取材し、発信するミニコミ紙「小川町まっぷ」の発行から始まりました。その後、有機農産物を活用した商品開発や販売先の開拓、グリーン・ツーリズムや農業体験の企画、環境教育の実践、手漉き和紙の普及、地域づくりを担う人材育成、コミュニティ・レストラン「べりカフェつばさ・游」の運営など幅を広げています。2009年11月、小川町駅前にオープンしたべりカフェは、小川町の有機農産物が主役の日替わりシェフ方式によるレストランです。地元住民や飲食店を経営していたシェフなどがランチを提供しています。

「持続可能な社会には有機農業が必要」と述べる高橋さんは、活動の中心に有機農業の普及と独立就農者のサポートを位置付け、有機農家との協働事業に取り組んでいます。

2004年に、町内の豆腐屋と霜里農場や下里機械化組合が栽培する大豆を使用した「ぴっかり豆腐」を商品化した後、こめまめプロジェクト、２００９年から「霜里農場見学会」を主催しています。

２０１０年には、「有限会社ＵＳＰ（Universal Shell Programming Laboratory Ltd.）」と協働で独立就農者の指導のもと「農業体験会」や独立就農者の野菜ボックスの定期購入、有機野菜の美味しさを伝える「シェフズ・テーブル」などを行う「ＵＳＰ ＦＡＲＭ」事業を開始しました。

２０１４年からは、環境省「森里川海プロジェクト」と共催で「Ogawa Organic Fes」を開催しています。さらに、２０１９年４月には、「おがわ里山食農スクール エディベリ」を立ち上げました。エディベリとは、エディブル、エデュケーションの「エディ」と沢山(Veri)の「ベリ」を組み合わせた造語で、有機農家と一緒に里山、畑、キッチンを結ぶ体験の場を提供しています。

こめまめプロジェクトの開始

ここからは、こめまめプロジェクトについて詳しく見ていきます。こめまめプロジェクトは、ＯＫＵＴＡの社員が有機米を定期購入するＣＳＡです。

ＯＫＵＴＡは、１９９２年設立の増改築リフォーム、新築の企画・設計・施工・アフター管理、不動産仲介等を行う一級建築士事務所です。本社はさいたま市にあり、東京都、神奈川県、千葉県にも店舗を構えています。２００２年から「地球環境の原則を尊重する」という企業理念のもと、自然素材を使用した持続可能な住環境を提案する取り組みに転換を図り、２００３年からは「ＬＯＨＡＳ（Lifestyles of Health and Sustainability）」を全面的に掲げて経営を展開しています。

その一環で、持続可能な暮らしを再発見するエコツアーを顧客と企画し、岩手県岩手郡葛巻町や山梨県北杜《ほくと》市などを訪問していました。生活工房つばさ・游との縁で霜里農場の見学会に参加した代表取締役社長（当時）の山本拓己さんは、「同じ埼玉県なのに、地元にこんなところがあったなんて。まさに〝目から鱗が落ちた〟感じでした」と当時を振り返っています。

見学会終了後、金子さんは山本さんに「地元の農家が生産した有機米の販売先が見つからずに困っている」という話をしました。それを聞いた山本さんは、ＯＫＵＴＡの経営方針と有機農業に親和性を覚え、その場で全量買取を即決しました。

こめまめプロジェクトの目的は、「OKUTA社員の『食』を守ること」「地域環境を保全・創造すること」「農家と企業が手を携えながら持続可能な社会を構築すること」です。その背景には、食への危機意識があります。山本さんは、次のように述べています。

OKUTAでは、『衣食住』の『住』を生業とし、住む人の健康や環境に優しい家づくり、社員がいきいきと働き続けられる環境づくりなど、持続可能性に重きを置いた事業展開をしています。『衣食』についても同様に考え、自社の事業だけでなく幅広い視野で取り組みを行っています。食については輸入に頼る一方では持続可能ではないので、安心して食べられるお米が地元地域から提携というかたちで確保できることはとても魅力的なことだと考えています。

図表5-3（次ページ）は、こめまめプロジェクトの仕組みです。この仕組みづくりは、有機農業の推進や地域づくりの取り組みを行っている生活工房つばさ・游が間に入り、3者協働で進めました。

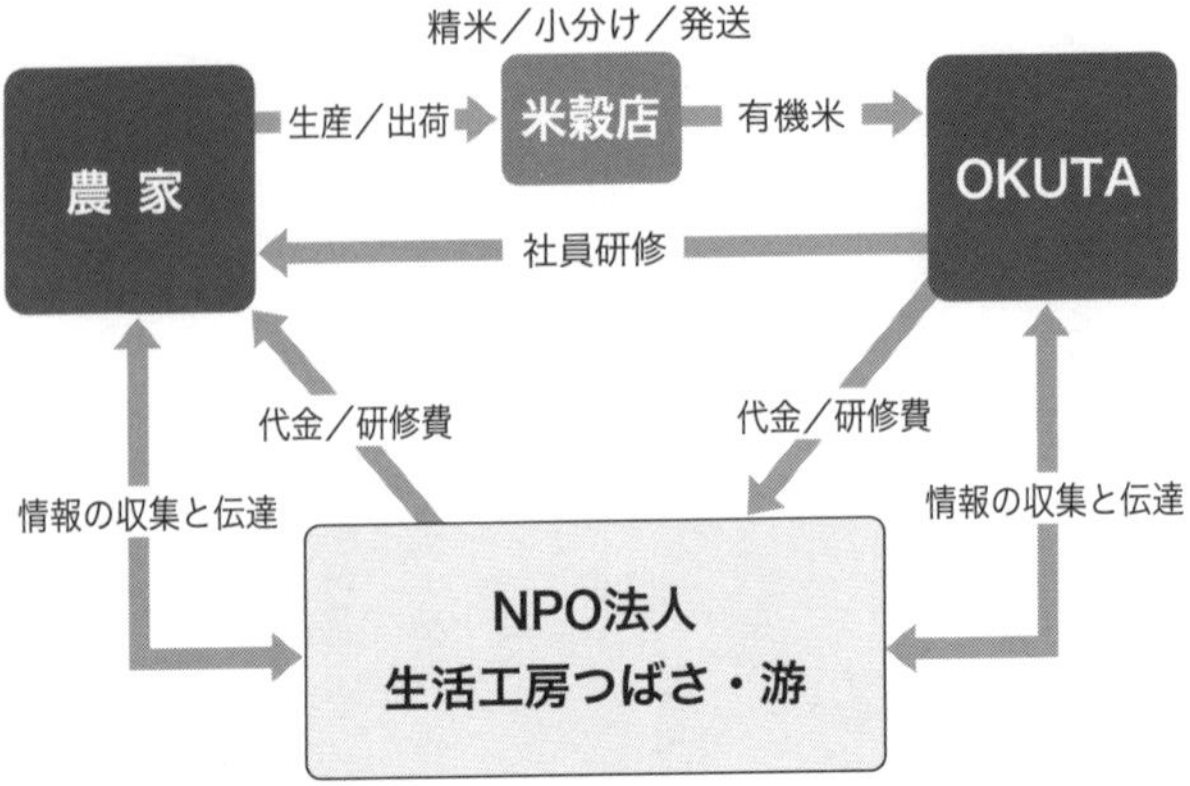

資料：筆者作成

図表5-3　こめまめプロジェクトの仕組み

買い支えの仕組みづくり

こめまめプロジェクトの大きな柱が有機米の買い支えです。生活工房つばさ・游は、農家側の窓口として収穫量の取りまとめと出荷・配送の段取り、ＯＫＵＴＡ側は購入希望者の取りまとめを行っています。

購入者数は、初年度の２００８年産米が約50名でした。その後、収穫量に合わせて増減しながら、現在も約55名が購入しています。

買い取り価格は、１キロあたり４００円（1俵2万４０００円）です。この価格は、農家とＯＫＵＴＡの話し合いによって決めました。社員への販売は5キロを基本単位とし、価格は精米代や袋代、送料込で２９００円です。社員は玄米と白米を選択でき、毎月17日に直接各家庭に配送されます。購入量および配送頻度は、希望に応じてアレンジできます。東日本大震災の時も、混乱の中、予定通り配送され、社員の食卓を守りました。

生活工房つばさ・游は、買い取り価格を決める際、話し合いの場をセッティングしました。そこで、代表の農家は「このプロジェクトを長く続けていくためには、社員のみなさんがずっと買い続けられる価格にしないといけない。全量買い取ってくれるのだから、４００円にしよう」と提案しました。当時の有機米は、最低でも５００円以上したので、農家が消費者のことを思い、お互い様という「有機的つながり」がここから始まったのです。

こめまめプロジェクトは「提携三原則」として、「全量買取」「即金現金支払」「再生産可能な価格」を原則としています。田植え開始前の4月に予想出荷量を申告し（予想量にもとづき、8月から社内で募集開始）、稲刈り終了後、各自の販売先や自給分などを除いてＯＫＵＴＡへの出荷量が確定すると、11月上旬に代金が一括で支払われます。

その代金は一時的に会社が立て替え、購入を希望した社員の給料から分割で支払っています。給料明細には「お米代」と書かれ、代金が天引きされます。提携三原則による予約生産のため、農家は安心して生産ができ、つくる喜びと誇りを取り戻しました。

ただし、いずれの農家もこめまめプロジェクトが始まる前までは消費者に直接販売したことがなく、価格設定のほか、精米や保管、宅配方法など様々な場面で問題が生じました。例えば、社員から「先月と今月の米の色と臭いが違う」というクレームがありました。農家と社員の理解を深める機会になればと、直接話し合いを行いましたが、立場の異なる両者の言い分は中々まとまらず、解決策を講じました。

当初は各農家で精米や袋詰めの作業まで行い、代表の農家の自宅に集荷していましたが、精米の度合がそれぞれ異なり、ばらつきが出ていました。生活工房つばさ・游は対応にあたり、２００９年５月の発送分から町内の米穀店に集荷、精米や袋詰め、発送を依頼して一元化しました。

ある時は、米の保管についてトラブルが起こりました。保管方法の理解が浅く、ある社員が夏場の暑い時期に配送された米袋をそのまま玄関先に置いていたため、コクゾウムシがわいてしまったのです。

それから暑い時期には、米穀店に依頼して保管方法を記したシールを米袋に貼付し、農家側も各自行っていた保管を同じ保冷庫で行うよう品質管理を徹底しました。さらに、生活工房つばさ・游は農家と定期的に勉強会やお米の食べ比べ会を開催するなど生産技術と品質の向上に努めました。

交流の仕組みづくり

こめまめプロジェクトのもうひとつの柱が交流です。ＯＫＵＴＡの担当者と生活工房つばさ・游が「一度は生産現場との接点をつくったほうがいいのでは」と話し合い、２０１１年度から希望者を募って田植え体験を始めました。２０１３年度からは、この農業体験を新入社員の研修とし、教育カリキュラムのひとつとして位置付けています。

水田の枕地を使用して「田植え」と「稲刈り」の2回のプログラムです。２０１４年度からはより教育に重きを置き、作業内容に合わせた座学も取り入れてプログラムを強化しました。

ＯＫＵＴＡ側は、参加者の取りまとめや研修内容の検討、生活工房つばさ・游は受け入れ体制の整備、当日の段取りなどを農家やＯＫＵＴＡの担当者と一緒に行っています。

社員は入社すると、必ず一度はこの研修を受け、有機農業の現場を通じて農業や農村、自然環境への理解を深めるとともに、ＯＫＵＴＡが掲げる持続可能な社会に向けたビジョンと

こめまめプロジェクトの田植え体験（上）と稲刈り体験（下）
（提供：OKUTA）

ミッションについて学んでいます。

　農家はこれまでエンドユーザーである消費者と接したことがなく、商品として農産物を販売するという視点を持っていませんでした。ＯＫＵＴＡの社員も同様で、農業や食べものについて学ぶ機会はほとんどなく、生産現場への理解が及んでいませんでした。

　交流を深めることが、「時間軸」と「価値観」の相違から生じる「コミュニケーションギャップ」を埋める役割を果たし、安定的かつ持続的な関係性づくりに大きく貢献しています。例えば、当初は当たり前のように毎日お米を食べていた社員からも、農業体験後は「大変な作業を経て作られていることを学び、改めてお米の有難さを実感しました」「農家さんと実際にお会いしたり、作業を体験することで、安心感や提携米に対する愛着が湧きました」という感想が聞かれたそうです。

「こめまめプロジェクト」がつくるCSAの形

こめまめプロジェクトは、有機米の買い支えだけではなく、間伐作業や沢の清掃など水田と山、川をつなぐ里山保全へと活動の幅を広げています。里山保全活動は、農業体験プログラム同様、新入社員の研修として位置付けています。下里一区の有機の里づくりがこめまめプロジェクトを通じた都市農村交流によって支えられていることがわかるでしょう。

農家、ＯＫＵＴＡ、生活工房つばさ・游は、有機農業を支えるコミュニティを形成しています。3者は「持続可能な社会をつくる」という同じ価値観を共有するテーマ型コミュニティです。同時に生産者が小川町、ＯＫＵＴＡがさいたま市に本社を置いていることから、物理的な距離も比較的近いローカル型コミュニティも重なっています。その中で、ＯＫＵＴＡの社員は食を入口に農業の現場とつながり、体験を通じて食と農の間にコミュニケーションが生まれているのです。

5・4　食と農をつなぐコーディネーターの役割

コーディネーターの条件

高橋さんは、常日頃「食と農をつなぐには、コーディネーターが必要不可欠」と述べ、こめまめプロジェクト以外にも様々なCSAをコーディネートしています。食と農をつなぐコーディネーターとは、具体的にどのような役割を担う存在なのでしょうか。こめまめプロジェクトにおける生活工房つばさ・游の役割を参考に、次の三点から考えていきます。

一点目は、生産者と消費者の「マッチング」です。生活工房つばさ・游は小川町に拠点を置きつつ、多様な事業展開によって地域内外に広がる豊富なネットワークを持っています。そのようなネットワークを通じて自然環境との共生を経営方針に掲げ、持続可能な社会に向けて歩みを進めるOKUTAと有機農家が出会う場をつくり出しました。

二点目は、CSAの「仕組みづくり」です。生活工房つばさ・游はOKUTA、農家と協働しながら買い取り価格や販売価格の設定、社員が現場に足を運び、農家と交流するプログラムの企画・運営などＣＳＡの成立条件を整えました。こめまめプロジェクトは、単なる有機米の売り買い関係にとどまらず、「持続可能性」という有機農業の価値を共有するコミュニティを核に、相互理解を伴った地域農業を支える仕組みとなっています。

三点目は、そのような「仕組みの継続性」です。こめまめプロジェクトでは生活工房つばさ・游のアイデアが活かされ、最も神経を要する代金回収を給料からの支払いにし、交流は教育カリキュラム事業の社員研修として位置付けました。企業相手ならではのシステムを採用することで、活動の継続性を保障しています。

四点目は、生産者と消費者の「関係性の構築」です。生産者と消費者の関係性を重視するＣＳＡにおいて、相互の信頼関係は仕組みが機能し、継続していくための土台です。ただし、心理的な距離が近い故に、人間的な関係性が崩れやすいという性格も併せ持っています。生活工房つばさ・游は農家と社員の間で生じたトラブルに対し、両者の良き相談相手となり、配送方法など仕組みを更新しました。そのようなトラブルを生まないために、交流事業を充実させて相互理解の場づくりにも努めています。

このように、生活工房つばさ・游は生産者と消費者をマッチングする「マーケティング機能」、それを販路と交流の仕組みづくりにつなげる「調整機能」、両者の関係性づくりをサポートする「緩衝機能」を担い、総合的な視点に立った「企画調整役」を担っています。コーディネーターとは多様な人材、組織とのつながりを持つ「ネットワーク力」、新しいアイデアを提案する「発想力」、豊富な経験にもとづく「課題解決力」を兼ね備えた存在といえます。

持続可能な社会に向けて、みんなでつくるＣＳＡ

こめまめプロジェクトでは、コーディネーターとの連携が食と農の新しいつながりをつくり、生産者と消費者のコミュニティ形成の契機となりました。食べる通信も鳴子の米プロジェクトも同様です。

生活工房つばさ・游は、有機農業を小川町の地域資源として捉え、地域課題の解決に向けて活動を進めるＮＰＯです。コーディネーターは、先ほど見た「ネットワーク力」「発想力」「課題解決力」に多少の差はありますが、行政や農協、企業でも担うことができます。

本章でコーディネーターについて取り上げたのは、ＣＳＡは決して生産者と消費者だけでつくるものではないということを示したかったからです。言い換えれば、ＣＳＡを生産者と

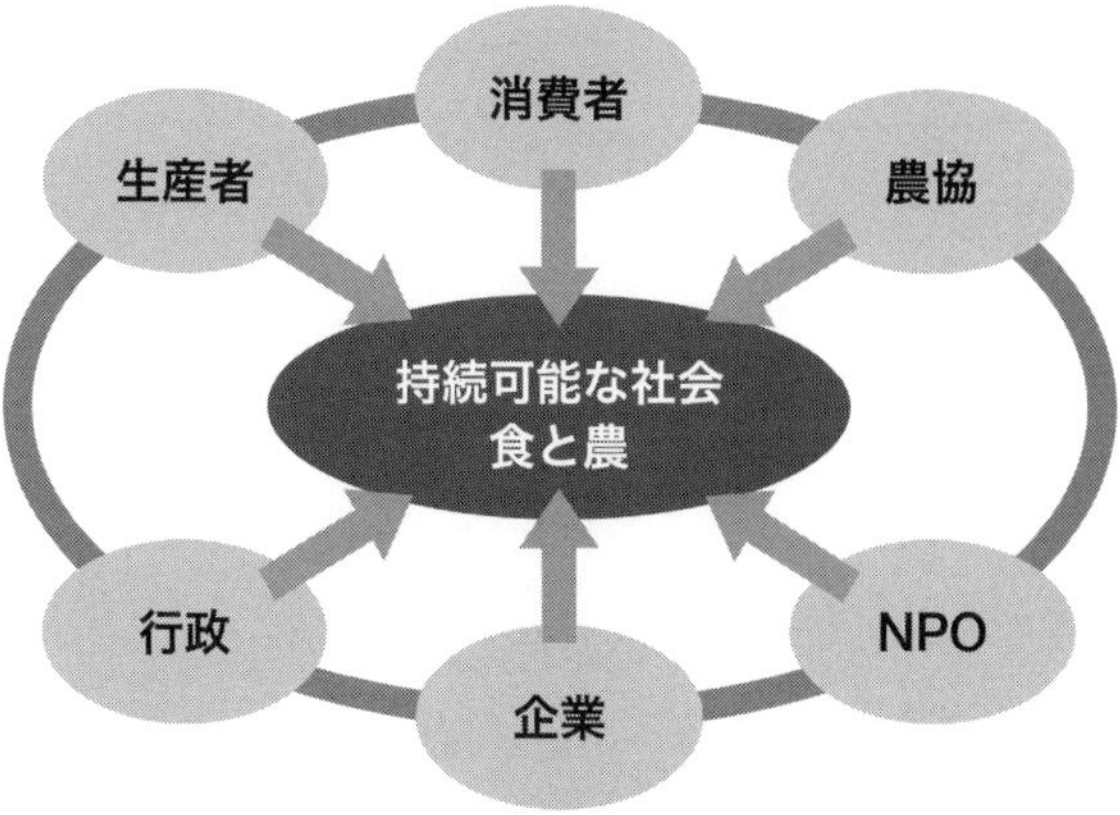

資料：筆者作成

図表5-4　多様な主体をつなぐ持続可能な社会

消費者という二者的な閉じた関係性にとどめるのではなく、第三者的な関係性に開いていくことが重要ではないでしょうか。

こめまめプロジェクトは、持続可能な社会をキーワードに、有機農家、企業、ＮＰＯがつながり、協働の活動へと展開しています。これまで食と農、その中でも有機農業が持続可能な社会に大きく貢献することを見てきました。図表５‐４のように、食と農は公共性が高く、地域の多様な主体がつながり合える「場」をつくり出します。

持続可能な社会というビジョンのもと、生産者と消費者、そこにコーディネーターを加えた役割分担と協働の視点がＣＳＡに求められています。

みんなで食と農のつながりをつくるという姿勢がＣＳＡを生み出し、成立に導く大きな原動力となるでしょう。

引用・参考文献

小口広太（２０１７）「有機農業の地域的展開に関する実証的研究：埼玉県比企郡小川町を事例として」明治大学大学院農学研究科２０１６年度博士学位請求論文
小口広太（２０１８）「ＣＳＡを支援するコーディネーターの役割と意義」『日本都市社会学会年報』36号、pp.99～113
小田切徳美（２０１４）『農山村は消滅しない』岩波新書
片柳義春（２０１７）『消費者も育つ農場：ＣＳＡなないろ畑の取り組みから』創森社
高橋博之（２０１５）『だから、ぼくは農家をスターにする：「食べる通信」の挑戦』ＣＣＣメディアハウス
高橋博之（２０１６）『都市と地方をかきまぜる：「食べる通信」の奇跡』光文社新書
田中輝美（２０１７）『関係人口をつくる：定住でも交流でもないローカルイノベーション』木楽舎
中川恵（２０１８）「宮城県・鳴子の米プロジェクトの『農をあきらめない』試み：地域支援型農業による買い支えの12年」『農業と経済』Vol. 84 No. 1、昭和堂、pp.63-70
農研機構農村工学研究所（２０１６）「ＣＳＡ（地域支援型農業）導入の手引き」
波夛野豪、唐崎卓也編著（２０１９）『分かち合う農業ＣＳＡ：日欧米の取り組みから』創森社
桝潟俊子（２００６）「アメリカ合衆国におけるＣＳＡ運動の展開と意義」『淑徳大学総合福祉学部研究紀要』40、pp.81-100
門田一徳（２０１９）『農業大国アメリカで広がる「小さな農業」：進化する産直スタイル「ＣＳＡ」』家の光協会
結城登美雄（２００７）「地域を耕す地元学」『農村文化運動』No.１８５、農山漁村文化協会、pp.3-9
結城登美雄（２００９）『地元学からの出発』農山漁村文化協会

第6章

都市を耕す

第6章では、農業と最もかけ離れた空間である「都市」の食と農について取り上げます。都市農業に対する評価の変化と課題を見ながら、後半は自ら農地を耕す市民の姿に焦点を当て、コロナ禍で見直される農の営みの意義とその可能性について考えていきましょう。

6・1　都市農業の新たなステージ

「肥大化」する都市

都道府県別の食料自給率（カロリーベース）を見ると、2018年時点（概算値）で北海道、青森県、岩手県、秋田県、山形県、新潟県が100％を超える一方、東京都1％、神奈川県2％、埼玉県10％、大阪府1％、京都府12％のように、多くの都市部を抱える地域ではその低さが目立ちます（農林水産省「平成30年度都道府県別食料自給率について」）。

都市の食卓は、「都市近郊農業」が支えてきました。例えば、江戸は100万人以上の人口を抱え、世界最大級の都市でした。鎖国という状況の中でも、巨大都市を養うことができ

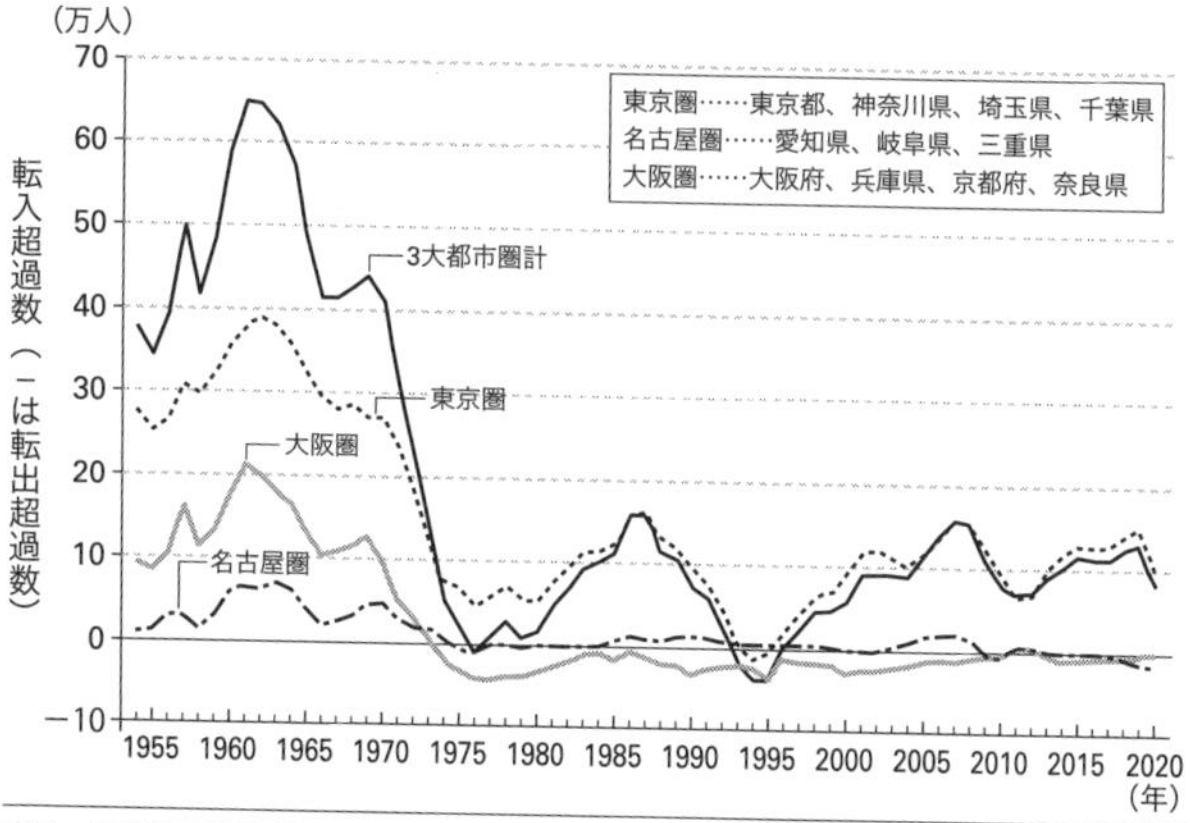

資料：総務省統計局「住民基本台帳人口移動報告　2020年結果」
注）1954年から2013年までは、日本人のみ。

図表6-1　3大都市圏の転入超過数の推移（1954〜2020年）

たのは、その周辺に食料を供給する農業があったからです。しかも、都市で発生する下肥（金肥）と農産物を交換する「循環型農業」でした。その後、都市化によって都市と近郊農業のつながりは分断され、農地が潰されると、都市近郊農業は都市の中に農地が点在する「都市農業」へと姿を変えていきました。

図表6‐1は、3大都市圏の転入超過数の推移です。高度成長期に3大都市圏への急速な人口移動が起こりました。1973年の第1次オイルショックや1990年代前半のバブル崩壊で経済不況に入ると大幅に減少し、転出超過となりますが、東京圏への一極集中は続いています。

東京圏の2020年9月1日時点の人口は、

東京都：約1398万人、神奈川県：約922万人、千葉県：約628万人、埼玉県：約735万人です（平成27年国勢調査結果確定数にもとづく推計人口）。東京圏だけで、総人口の3割近くを占めていることになります。

減少する農地と「2022年問題」

1968年に制定された新都市計画法において、都市計画区域では優先的かつ計画的に市街化を図るべき「市街化区域」と、市街化を抑制すべき「市街化調整区域」に線引きされました。つまり、市街化区域内農地は、「宅地化すべきもの」として位置付けられたのです。

都市農業については、統一的な概念や明確な定義は存在していませんが、一般的にはこの新都市計画法にもとづき、狭い意味では市街化区域内農地で行われている農業、広い意味では市街化区域および市街化調整区域内で行われている農業を指します。都市農業とは、人口や建物などが集中し、都市的土地利用が進んだ地域の中で営まれている農業と理解しておきましょう。

市街化区域内の農家は、宅地並み課税と高額な相続税の問題に直面しましたが、全国に反対運動が広がり、生産緑地法の制定（１９７４年）、相続税納税猶予制度（１９７５年）と長期営農継続農地制度（１９８２年）の創設によってようやく都市農業としての展開が認められるようになりました。ただし、バブル経済期に地価高騰が問題になると、残存する都市農地がその原因とされ、開発圧力が強まりました。

「都市農業バッシング」が吹き荒れる中、１９９１年に長期営農継続農地制度の廃止ならびに生産緑地法の改正（法施行は１９９２年から）という制度改革が行われ、３大都市圏の特定市では、市街化区域内で農地を保全する「生産緑地」と従来通り宅地化を進める「宅地化農地」に分けられたのです。

生産緑地の指定を受けないと、固定資産税や都市計画税の軽減（農地課税）、相続税や贈与税の納税猶予制度の優遇措置が適用されず、生産緑地は30年間の営農継続、相続税納税猶予制度は20年間から終身営農へと条件が厳しくなりました。

図表６‐２（次ページ）は、３大都市圏の特定市における生産緑地地区等の面積の推移です。「農業を継続するのか、宅地にするのか」という厳しい踏み絵を踏まされた結果、多くの農家が生産緑地の指定を受けずに営農を継続してきました。市街化区域内農地は、１９９２年の４万５７３７ヘクタールから２０１８年の２万２８７７ヘクタールへと急速に減少し

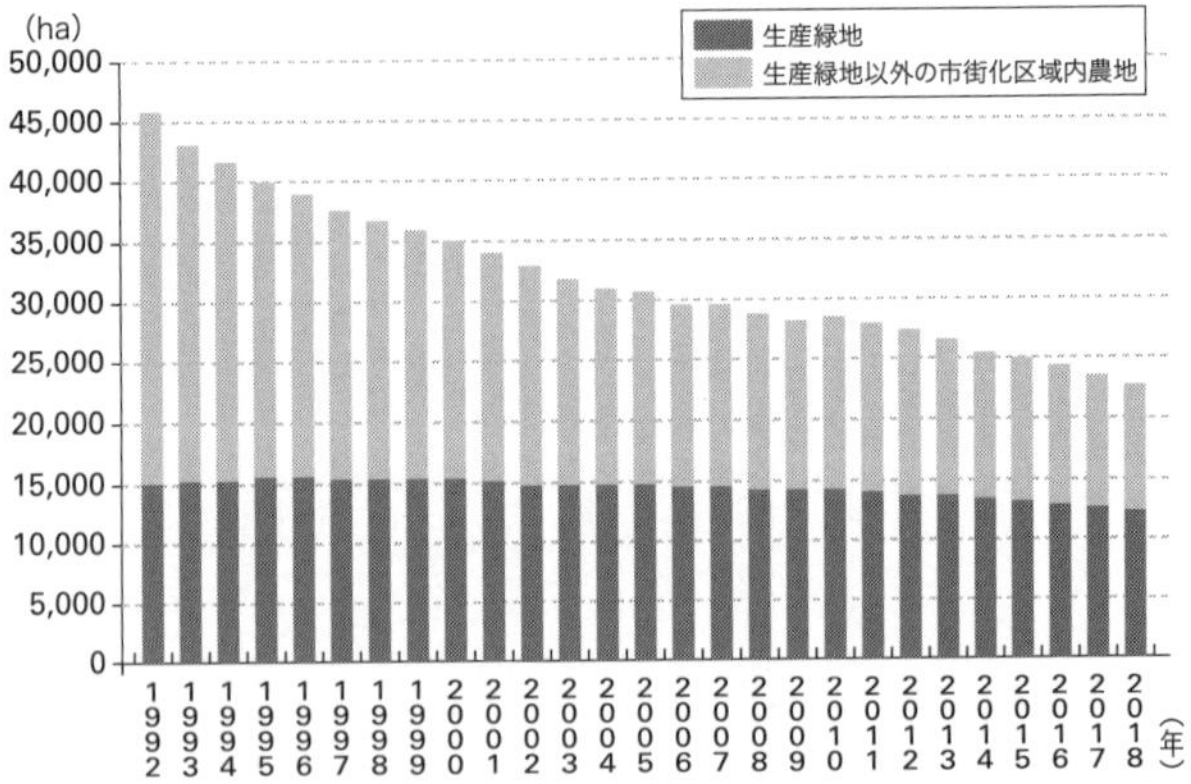

資料：生産緑地以外の市街化区域内農地：総務省「固定資産の価格等の概要調書」
生産緑地：国土交通省調べ

図表６-２　３大都市圏の特定市における生産緑地地区等の面積の推移

ています。この間、宅地化農地が３分の１に減少し、都市から農地が失われていく状況がよくわかります。

生産緑地の約８割が１９９２年に指定を受け、30年目を迎える２０２２年に営農義務が外れます。つまり、多くの農地が売却され、宅地化が進展する可能性があります。これは、生産緑地の「２０２２年問題」と呼ばれ、これからどのように農地を守り、育んでいけるのか、都市農業は正念場を迎えているのです。

再評価される都市農業

新都市計画法以降、都市への開発圧力は強化され農地転用が促されましたが、バブル経済が崩壊して低成長期を迎えると、「環境保全」「食の安全」「ライフスタイルの見直し」などを背景に、都市農業の価値が再評価される時代へと移行しました。１９９９年に成立した「食料・農業・農村基本法」で都市農業の振興が明記されたことは、その象徴です。

２０１０年代以降は、都市農業に向けられる「ポジティブ」なまなざしが一層強くなっています。２０１１年３月に発生した東日本大震災で顕在化した都市の「脆弱性」、高齢化や人口減少に伴う都市の「縮退」、持続可能な社会への期待と関心の高まりなどがその大きな要因です。

２０１５年４月に「都市農業振興基本法」が成立し、翌年５月には「都市農業振興基本計画」が策定されました。都市農地の位置付けが従来の「宅地化すべきもの」から「あるべきもの」へと大きく転換し、都市農業の存在意義が見直されたのです。

都市農業振興基本法は、農地を都市に必要な土地利用として位置付けたこと、都市農業が農産物の供給と多様な機能を供給する役割を担うこと、農業的土地利用と都市的土地利用の共存が都市住民の豊かな生活を支えることなど「都市計画法の理念の転換を内包」しています（後藤光蔵〈２０１９〉「都市農業振興基本法成立の意義」北沢俊春、本木賢太郎、松澤龍人編著『これで守れる　都市農業・農地：生産緑地と相続税猶予制度変更のポイント』農山漁村文化協

農業の「多面的機能」	都市農業の「多様な機能」
農産物の供給	農産物の供給
国土の保全	国土の保全
水源のかん養	水源のかん養
自然環境の保全	自然環境の保全
良好な景観の形成	良好な景観の形成
文化の継承 など	文化の継承
	防災
	農作業体験・学習・交流の場の提供
	農業に対する理解の醸成 など

資料：筆者作成

図表6-3　農業の「多面的機能」と都市農業の「多様な機能」の比較

会、29～30ページ)。

ここでは、都市農業の「多様な機能」に注目してみましょう。図表6-3は、農業の「多面的機能」と都市農業の「多様な機能」の比較です。日本農業全体に発揮が求められている多面的機能と比べると、「防災の機能」「農作業体験・学習・交流の場を提供する機能」「農業に対する理解醸成の機能」が都市農業特有の機能として位置付けられていることがわかります。

「地産地消」と「市民参加」を軸にした農のあるまちづくり

このような多様な機能も踏まえ、なぜ都市農業が再評価されているのか、その特徴を整理します。

図表6－4（次ページ）は、全国、東京都、神奈川県、横浜市における農産物出荷先別延べ経営体数の割合です。そのうち、東京都、神奈川県、横浜市は「消費者に直接販売」が最も大きな割合を占めています。これは、全国と大きく異なる点です。市場外流通を通じた販売チャネルの中でも、周辺に多くの消費者が存在する都市農業の現場では、ローカル・フードシステムがより多角的に展開しています。さらに、全国と比べて「貸し農園・体験農園等」「観光農園」を実施している経営体の割合が大きいのも特徴です（農林水産省「2020年農林業センサス」）。

日本の国土は、城壁を境に都市と農村がはっきり分離されていたヨーロッパとは異なり、スプロール状に都市が肥大化し、農地と市街地がモザイク的に混在しています。農家は、この「混住化」といわれる日本独特の都市空間を活かし、「地産地消」「市民参加」型の農業に取り組んでいます。都市化が進展する中、自ら営農環境をつくり変え、地域とともに歩む努

農産物出荷先	全国	東京都	神奈川県	横浜市(2015)
農　協	72.0	32.6	49.3	26.4
農協以外の集出荷団体	14.7	9.2	9.1	4.9
卸売市場	11.4	20.2	20.9	34.8
小売業者	9.8	17.6	14.5	13.1
食品製造業・外食産業	4.1	7.8	3.3	2.5
消費者に直接販売	21.2	65.1	51.4	57.3
自営の農産物直売所	20.0	58.4	41.6	59.0
その他の農産物直売所	42.2	26.5	34.9	33.5
インターネットによる販売	5.1	2.5	2.4	1.4
その他の方法	44.8	31.6	37.8	25.0
その他	7.8	14.9	9.6	10.2

（単位：%）

資料：農林水産省「2015年農林業センサス」「2020年農林業センサス」より筆者作成

図表 6 - 4　農産物出荷先別延べ経営体数の割合（複数回答）

力と工夫といえるでしょう。

都市農業の現場を見ると、「地産地消」「市民参加」を軸に、多様な機能を発揮する「農のあるまちづくり」が各地で広がっています。

例えば、第4章で取り上げた東京都小平市では、学校給食への地場農産物導入に加え、農協による売り場面積の広い農産物直売所やブルーベリーの摘み取りなどの観光農園、全公立小学校にある学童農園、農業体験農園の設置、援農ボランティアの育成のように、住民が地元の食と農に触れ合う機会が充実しています。

6・2　「耕す市民」を育てる

耕す市民という「選択肢」

都市農業振興基本法の制定以降、2022年問題の解決に向け、都市農地に関する法制度が目まぐるしく変化しています。2017年6月の生産緑地法の改正によって生産緑地の面積要件緩和、行為制限の緩和（農産物直売所や農家レストランなどの設置）、特定生産緑地制度の創設、2018年9月には「都市農地の貸借の円滑化に関する法律（都市農地貸借法）」の成立によって生産緑地の貸借がしやすくなりました。市民農園を開設するために、生産緑地を貸借することもできます。

都市農地が急速に減少する中、法制度をうまく活用しながら都市農業の担い手を育てることが急務といえます。ひとつは後継者や独立就農者のような「農業」の担い手を育てること、もうひとつは農家ではない多様な「農」の担い手、すなわち「耕す市民」を育てることです。

耕す市民の育成は、農業経営を直接的に支えるだけではなく、地場農産物を積極的に購入

耕作方式	概　要
農業体験農園	農家が農業経営の一環として開設し、道具、種・苗、肥料などを準備、指導する。
市民農園	小区画の貸付。開設主体は地方自治体、農協、農家、企業、NPOなど多様。利用者が自由に栽培できる。
援農ボランティア	農業をサポートしたい市民が農家のもとで一緒に農作業を行う。主に行政や農協が主導している。
農業体験	種まきや収穫など単発のイベントで開催する。実施主体は地方自治体、農協、NPO、農家など多様である。

資料：筆者作成

図表6-5　都市生活者による主な耕作方式

するなど都市農業への理解者を増やすことにもつながります。都市農業の振興には、農業的土地利用とともに、「市民的土地利用」が重要なポイントです。

図表６‐５は、都市生活者による主な耕作方式です。都市には様々な耕作方式があり、私たちはそれぞれのライフスタイルに合わせて「選択」することができます。

ここには挙げませんでしたが、独立就農者の動きも広がっています。例えば、東京都では一般社団法人東京都農業会議と行政、農業委員会の連携により、２００９年４月に瑞穂《みずほ》市で誕生して以降、増加しています。さらに、都市農地貸借法にもとづき、生産緑地の貸借を通じて独立就農するケースも生まれています。

独立就農者は「東京NEO-FARMERS!」を結成し、勉強会や親睦会、インショップへの共同出荷やファーマーズマーケットの開催など販売先の開拓にも取り組んでいます。

また、家庭菜園やベランダ菜園なども身近な取り組みです。家庭菜園は、庭の一部を耕します。庭木果樹もよく見られます。庭がない場合は、玄関や屋上にプランターをいくつも並べて栽培する人もいます。ホームセンターや農産物直売所では、苗や種、資材を購入する人たちで溢れる光景も日常となりました。

今回は、農業経営の貢献や都市農地の維持という観点から「農業体験農園」「市民農園」「援農ボランティア」に焦点を当てます。「農業体験農園」「市民農園」は自ら耕す圃場があり、「援農ボランティア」は農家と一緒に作業を行うのが基本です。

農業体験農園と市民農園

農業体験農園は、東京都を中心に広がりを見せています。このモデルは、神奈川県横浜市が１９９３年に開始した「栽培収穫体験ファーム制度」です。その後、練馬区が整備費や管理運営費の一部を補助する形で、１９９６年から毎年１農園ずつ設置し、先駆的な動きをつくってきました。農業体験農園の仕組みは、「練馬方式」とも呼ばれています。

農業体験農園は、農家が農業経営の一環として開設し、農業体験の場を提供します。作目は野菜で、農家が栽培方法や作付、スケジュールを決め、種苗や資材、道具を準備し、指導する点が特徴です。利用料金は、年間３万５０００〜４万円が一般的で、利用者は体験料と収穫物の購入代金として支払います。区画の広さは１区画15〜30平方メートル前後です。

スケジュールを見ると、１〜２月に入園の申し込み、３月から作業が始まります。翌年１月末までに収穫を終え、２月に堆肥などを散布して次年度の畑を準備するというサイクルです。

講習会の頻度は、１〜２週間に１回、土日のいずれかです。農家から栽培や管理、収穫、施肥の方法、道具の使い方などの指導を受け、その後自分の区画で作業を行います。日中の出入りは自由で、草取りや水やりといった管理作業は必須です。

個人区画だけではなく、共同区画が準備されている農園もあります。サツマイモやトウモロコシ、玉ネギ、ネギなど長期間畑で管理する野菜はみんなで栽培します。サツマイモやトウモロコシは子どもに人気です。利用者は、講習会や共同作業などを通じて定期的に顔を合わせ、収穫祭やイベントで交流する機会も充実しています。

都内で農業体験農園を設置している区市町村は、２０１８年３月末時点で区部６区、多摩地区23市の合計29区市、農園数１１１、区画数６２４７と毎年増加しています（東京都農業振興事務所「平成29年度市民農園等調査結果」）。「ＮＰＯ法人全国農業体験農園協会」に所属する農園は、千葉県、埼玉県、茨城県、静岡県、三重県、京都府、和歌山県、香川県、福岡県まで広がります。横浜市の栽培収穫体験ファームは、２０２０年3月末で55農園です（神奈川県横浜市ホームページ「市民農園」）。

　農業体験農園と混同されやすい市民農園は、主に地方自治体や農協、農家、企業、ＮＰＯなどが開設しています。農業体験農園とは小区画の貸付け、自由に栽培できる、区画が10～15平方メートル前後と小さい、料金が安いという点で異なります。市民農園のほうが時間に囚われず、気軽に利用できるでしょう。市民農園の数は、１９９２年度の６９１から２０１５年度の４２２３へと毎年増加し、ここ数年は増減を繰り返し、２０１９年度時点で４１６９です（農林水産省ホームページ「市民農園の状況」）。

　農業体験農園、市民農園ともに申し込み者だけではなく、その家族も利用できます。夫婦、親子、祖父母と孫など利用者の姿は多様です。いずれも開設数が増加し、キャンセル待ちも多いことから、都市生活者に支持され、高まる農への関心とニーズの受け皿となっていることがわかります。

生協と組合員がつくる農園：神奈川県横浜市泉区・「生活クラブ・みんなの農園」

「生活クラブ神奈川」は、1971年に設立された生活協同組合です。提携生産者と組合員は、取り扱う品物を商品ではなく、生活に必用な材として「消費材」と呼び、独自の基準で開発しています。組合員は共同購入によって買い支え、生活クラブの品物を扱うお店「デポー」も首都圏を中心に広がっています。

生活クラブの事業は、食と農に加え、再生可能エネルギー、福祉（子育て、高齢者、障がい者、生活困窮者支援）、ワーカーズ・コレクティブ（労働者協同組合）の設立など持続可能な社会に向けて幅広く展開し、そのひとつに都市農業の振興があります。生活クラブ東京は、提携生産者の畑で農業体験農園を2か所、生活クラブが園主の農業体験農園を1か所開設しました。

生活クラブ神奈川は、第10次中期5カ年計画で「FEC（食・エネルギー・福祉）自給圏」の拡大をテーマに掲げました。その中で、足元にある都市農業の発展、推進を目的とし、2018年9月に「生活クラブ・みんなの農園」を開設しました。

横浜市泉区は、市内で最も農地が多い区です。みんなの農園の面積は21・8アール、1区画あたり24平方メートルで45区画利用できます。住宅地はすぐ近くですが、集団で農地が残り、大きな空が広がる空間です。

個人区画では春夏、秋冬シーズンそれぞれ13品目ほど、共同区画はトウモロコシ、スイカ、サツマイモ、ネギ、大豆を栽培します。1～2週間に1回、土曜日に講習会があり、シーズンごとに収穫祭を開催しています。

農業体験農園や栽培収穫体験ファームでは珍しい有機栽培です。消費材を開発し、持続可能な農業を支えている生活クラブらしさがここに表れています。利用者は、日頃から生活クラブ独自の基準で栽培された農産物を購入する組合員です。土づくりや防除の工夫、時には一匹一匹手で虫を取り、農薬や化学肥料に頼らない農業の現場を体験する中で、生活クラブや提携生産

「みんなの農園」で夏野菜の収穫（上）。有機栽培でしっかり育つトマト（下）（撮影：ともに筆者）

収穫を楽しむ筆者の娘
（撮影：ともに筆者）

者、農業への理解を深めています。

　小さな子どもを連れて参加する利用者が多いのも特徴です。子どもたちは農作業を手伝いながら、土で遊び、駆け回り、虫を捕まえ、草花を採り、畑は賑やかな声で溢れ、多世代が交流できる場となっています。

　みんなの農園は、生活クラブ神奈川が農地を借りて運営しています。その方式は横浜市の栽培収穫体験ファームと同様ですが、農家が開設していないという点で通常の形とは異なります。農場長は生活クラブ神奈川の提携生産者が担当し、作付計画や講習会の指導を行います。耕運などの担当は横浜農協で、生協と農協の協同組合同士の連携です。利用者との窓口は、生活クラブ神奈川から生まれた社会教育などに取り組む「ＮＰＯ法人フォーラム・アソシエ」が農園サポーターとして担当し、日頃の連絡業務や調整を担っています。

このように、生活クラブ神奈川、生産者、組合員、農協の４者が協働し、みんなで農地を守る仕組みをつくり上げています。「みんなの農園」という名前からもわかる通り、自給を分かち合う共同耕作の姿です。

都市農業の発展を担う「援農ボランティア」

援農ボランティアとは、都市生活者が農家を訪ね、農作業を手伝う取り組みです。市民参加による都市農業の代表的な活動で、基本は「無償」です。

例えば、東京都国分寺市では「都市農業の良き理解者」を育てることを目的に、１９９２年から「市民農業大学」を開校し、専用の圃場で実習と座学を実施しています。その後、東京都の要請を受け、１９９６年度から「援農ボランティア・モデル事業」、１９９８年度からは市独自で「援農ボランティア推進事業」を開始しました。

図表６-６（次ページ）は、援農ボランティアと受入農家の活動理由です。それぞれの上位を見ると、援農ボランティアは「土に触れたり植物に触れたりする楽しみのため」という「自己充足」、「農家を支援し農地や農業の維持に少しでも貢献したいから」という「都市農

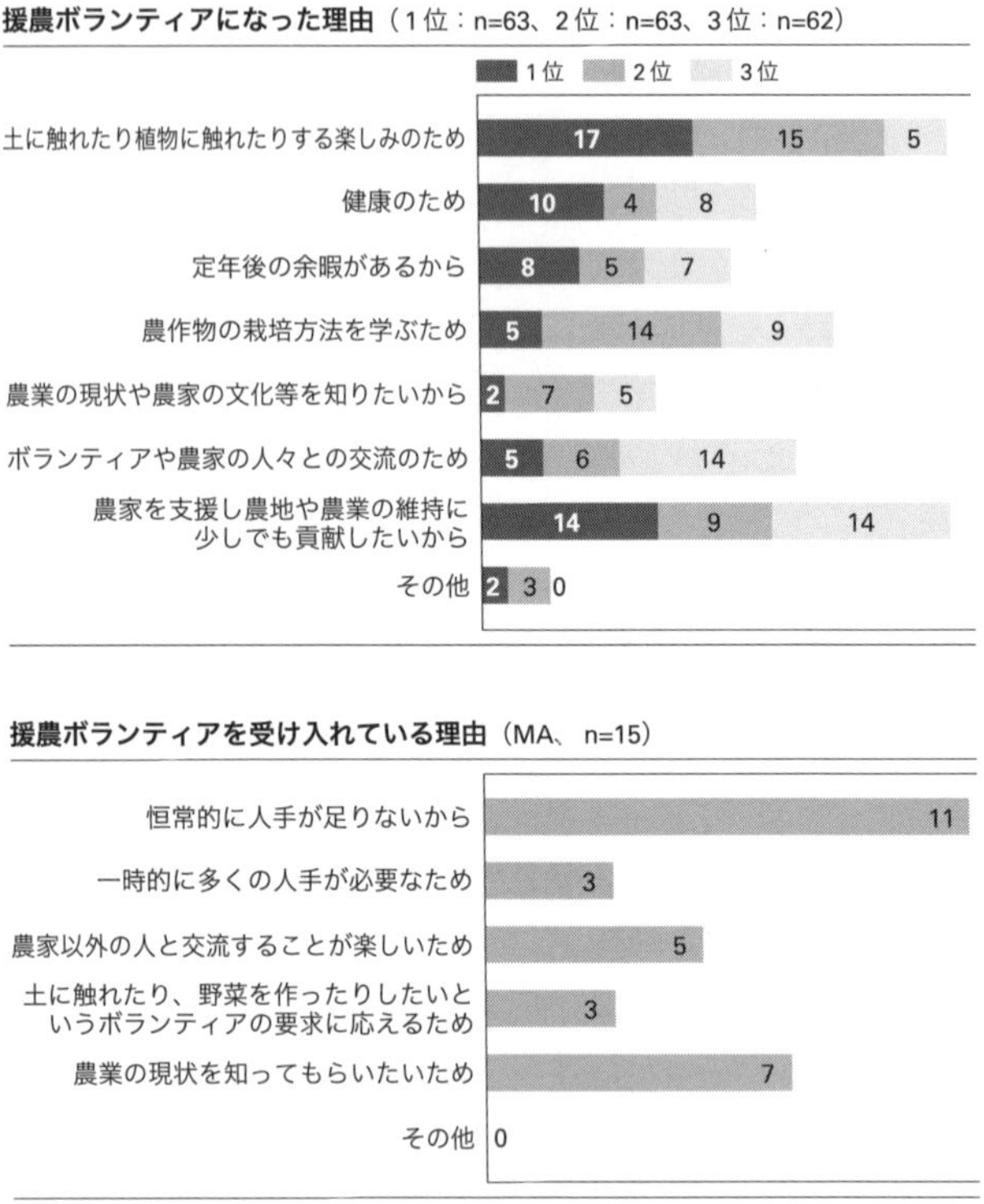

資料：一般社団法人東京都農業会議・アグリタウン研究会「令和元年度 東京都内における援農ボランティア実態調査」のアンケート調査より筆者作成

図表 6 - 6　東京都国分寺市における援農ボランティアと受入農家の活動理由

業への貢献」、「農作物の栽培方法を学ぶため」という「栽培技術の習得」、「ボランティアや農家の人々との交流のため」という「コミュニティの形成」、受入農家は「恒常的に人手が足りないから」という「農業労働力の確保」、「農家の現状を知ってもらいたいため」という「都市農業への理解」、「農家以外の人と交流することが楽しいため」という「コミュニティの形成」となっています。

援農ボランティアは、都市生活者の農作業への参加意欲を都市農業の維持・発展につなげると同時に、相互にコミュニケーションを取りながら都市農業への理解を深め、都市農地を守っていく活動といえます。

東京都、神奈川県、千葉県などを見ると、その多くが行政主導で農協と連携しながら活動を広げています。東京都では、公益財団法人東京都農林水産振興財団が２００１年から地域援農ボランティアの養成事業として「東京の青空塾」、２０１３年から区市町村を超えた「広域援農ボランティア」に取り組んでいます。一方で、こうした制度は利用せず、独自で援農ボランティアを受け入れている農家、大学の農業系学生サークルやＮＰＯによる活動もあります。

一般的に、ボランティア希望者は援農に必要な講習を受けます。講習を修了すると、ボランティアとして登録、その後、農家とマッチングを行い、活動を開始します。活動頻度は週1回が多く、週3〜4回足繁く通うボランティアもいます。時間は1回につき平均2〜3時間で、野菜の多品目栽培の場合、「除草」「種まき」「収穫」が代表的な作業です。その他にも、「定植」「管理作業」「出荷作業」「販売の手伝い」など、ある程度の経験を積まないと任せることができない作業もあります。作業後には、商品にならなかった野菜をお土産として持ち帰ることができるのもひとつの楽しみです。

援農ボランティアの主力は、高齢者です。現役世代は平日の活動が難しく、共働き世帯の増加で専業主婦も少なくなりました。女性は子育てを終えた世代が多く、男性よりも若い傾向にあります。

援農ボランティアという「経営パートナー」：神奈川県横浜市都筑区・「都筑農業ボランティアの会」

横浜市都筑区は、市内で2番目に農地が多い区です。2009年6月、区が開催した援農ボランティア募集の説明会を機に活動が始まり、2013年3月に「都筑農業ボランティアの会」が設立されました。ボランティアの会には、２０２０年9月時点で約60名（女性約10名）の会員が所属し、現在は「マルイファーム」で活動しています。

　マルイファームは露地だけで約４・５ヘクタール、年間約35品目の野菜と果樹を栽培しています。販売先は、水・土曜日の週２回オープンする個人直売所のほか、農協の直売所（２店舗）、毎月第２・４土曜日に都筑区総合庁舎で開催される「都筑野菜朝市」（農業ボランティアの会で出店）、およびＩＫＥＡ港北です。大型量販店への卸し、ホテルや高級店などにも出荷しています。さらに、ブルーベリーやイチジクの収穫体験を受け入れ、観光農園として都市生活者との交流にも積極的です。

「マルイファーム」でのキャベツの定植（上）とトウモロコシの定植（下）
（撮影：ともに野々村英一さん）

　ボランティアの会では、事前講習を実施していません。活動を希望する場合、まずは一緒に農作業を体験し、徐々に慣れていきます。その中で、継続できそうであれば正式に入会手続きを行います。

　活動日は、月・水・金・土曜日の

週4回（9：30〜12：00）です。個人直売所の運営も援農ボランティアが担当しています。作業後は、出荷できない野菜を持ち帰り、割引でも購入できます。

活動の頻度を見ると、週4回すべて参加するボランティアが10名ほどいて、コアメンバーです。週1〜2回が多く、現役世代は頻繁に参加できないので土曜日や月1〜2回です。参加はボランティアの都合に任せていますが、毎回15〜20名も集まります。

ボランティアは開始時刻に集合し、マルイファーム代表の石川照雄さんが大まかな作業内容を伝達すると、段取りを理解しているベテランボランティア中心に作業が進んでいきます。経験の少ないボランティアは、ベテランボランティアと一緒に作業することで、徐々に技術を覚え、段取りが理解できるようになるそうです。

当初は、石川さんが一緒に作業しながら指導していましたが、現在はボランティアに作業を任せてもほとんど失敗はなく、作業に要する時間が短くなり、技術も向上しているといいます。筆者が体験で訪問した際も、石川さんやボランティアがぶどう畑で作業していると、他のボランティアが別の作業を自発的に進めていました。

「頻繁に来ている人は、この苗が育ったら定植時期になったとか、ここの畑を片付けたらこの辺りに定植するとか、みんな大体、読めているんですよ」

マルイファームでは、援農ボランティアが段取りを理解してテキパキと動き、石川さんもそれを前提に日々の作業を進め、経営を組み立てています。さらに、援農ボランティアから「こういうものをつくりたい」と希望があれば、積極的に受け入れています。そこには「指示する農家―従うボランティア」という一般的な構図が見られず、両者はお互いを「パートナー」として認め合う関係性で、農場全体に一体感がつくられています。

「マルイファーム」での枝豆のさや取り（上）と販売用野菜の調整作業（下）（撮影：ともに野々村英一さん）

耕すことで変わる食と農へのまなざし

図表6 - 7は、農林漁業体験による関心の変化を指導の有無で比較したものです。共通する点として、「自然の恩恵や生産者への感謝を感じられるようになった」が最も多い割合を示しています。そして、いずれの項目も「指導あり」のほうがプラスに働いています。「地元産や国産の食材を積極的に選ぶようになった」の割合が大きいこと、「変化はなかった」が16・0％にとどまっていることなどが特徴です。

農業体験農園で利用者と話すと、「農業を仕事として行うのは、本当にすごいこと」「農家に感謝しなければいけない」「野菜が成長している姿が嬉しい」「天気が気になるようになった」という声がよく聞かれます。

農業という仕事の尊さや感謝の気持ち、農業への関心が生まれています。援農ボランティアは、農業経営の一部を担うことから、農業体験農園や市民農園の利用者よりも間近で都市農業に触れます。その中で、「こうやって育てた野菜が実際に出荷されると嬉しく、責任も生まれる」という声が聞かれました。

耕すことは生産現場との距離が心理的に近づき、身近にある農業や農業そのものへのまな

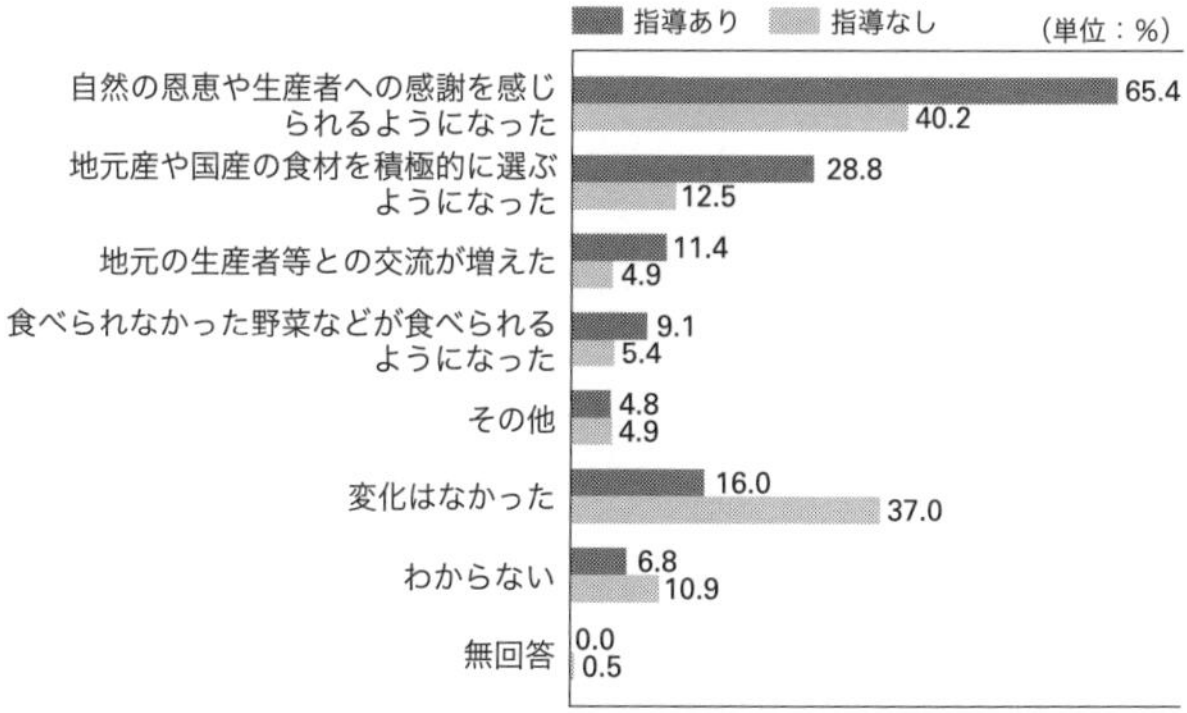

資料：農林水産省「食生活及び農林漁業体験に関する調査報告書」(2016年10〜11月実施)
注：農林漁業体験に本人又は家族が参加したことがある人が対象。

図表6-7　農林漁業者による指導有無別農林漁業体験による関心の変化（複数回答）

ざしを獲得するプロセスと言い換えることができます。農家と一緒に耕す「身体性の共有」は、これまでイメージでしか捉えることができなかった農業を日々の暮らしの中で「意識」することを可能にするのです。

都市農家は、農業体験や援農をうまく経営に取り込むことで、事業の多角化や労力確保につながるだけではなく、都市農業への理解が進み、消費も伸びるという好循環が生まれるでしょう。

ところが、農業体験農園や市民農園は経済的、時間的制約があるものばかりです。暗黙のうちに限られた層の都市生活者が対象とされ、農業を体験し、農家と交流するルートは限られているのが現状といえます。

近年、畑を「オープンな多目的スペース」として位置付けた新たな交流の形が生まれつつあります。第4章でも触れましたが、SNSの普及は収穫体験や果樹のもぎ取り（摘み取り）、農作業、イベント開催などの情報発信も容易にしました。こうした「いつでも」「気軽に」農業を体験し、農と触れ合える場の充実がこれからの都市農業には期待されています。

6・3　コロナ禍で見直される「農」の力

耕し続けた人たち、耕し始めた人たち

コロナ禍は、食と農を取りまく状況を大きく変化させました。「食」の現場を見ると、食料自給や地産地消などローカル・フードシステムへの再評価が起こりました。同じく、「農」の現場にも大きな変化が起きています。そのひとつが都市生活者による農への関心の高まりと耕す市民の増加です。人々は耕し続け、耕し始めたのです。

例えば、みんなの農園では、長時間の滞在を避けること、定期的に行われる講習会の時間

帯をずらすなど、密を避ける工夫をして受け入れ続けました。多くの農業体験農園が同じでした。農業体験農園や市民農園への問い合わせ、新規利用者も増加しています。筆者はコロナ禍で耕し始めたひとりで、みんなの農園の利用者です。休日はほぼ毎日通い、収穫を喜び、身体を動かし、娘にとって安心できる最高の遊び場となりました。

援農ボランティアの現場にも変化が起きています。東京都農林水産振興財団の広域援農ボランティアへの登録者は、2020年3月時点で376名でしたが、2020年5月からの約3か月で200名ほども増加し、毎年400名弱の派遣回数は7月のみで199回にのぼりました。担当者は、「コロナ禍で、消費者の意識、食に対する考えが変わってきている」と述べています。

マルイファームでは、外出自粛中も会員の判断で活動を続け、毎回参加する会員も増えました。ある会員は、「ここはいつでも受け入れてくれて、身体を動かし、誰かがいるから楽しい」と語っていました。

なぜ、耕す市民は増えたのか

耕す市民が増加した背景には、在宅勤務の普及により職住一体が進んだこと、外出自粛によって買い物や娯楽施設、旅行など消費活動が制限されたことなどが挙げられます。さらに、在宅勤務と外出自粛は運動不足や精神不安、コミュニケーションの希薄化など身体的、精神的、社会的な弊害ももたらしています。

内閣府が２０２０年5月25日～6月5日に実施したインターネット調査によると、「まったく満足していない」を0点、「非常に満足している」を10点とし、「①新型コロナ感染症拡大前、②感染症の影響下、それぞれ何点くらいになると思いますか」という質問の結果、「生活全体の満足度」が5・96──→4・48、「社会とのつながりの満足度」が6・07──→4・32、「生活の楽しさ・おもしろさの満足度」が6・33──→4・38に低下しました（内閣府「新型コロナウイルス感染症の影響下における生活意識・行動の変化に関する調査」）。

コロナ禍で在宅勤務が普及し、働き方も変わりつつありますが、「生活の質」は必ずしも向上していません。こうした状況に対し、農地は密を回避する開放的な空間として居場所、つまり「サードプレイス」になりました。都市生活者は、現状の暮らしを豊かにしていくひとつの手段として耕す市民という実践を選択し、自己防衛的に耕し続け、耕し始めたと考えられます。

やぼ耕作団が実践した耕す市民

耕す市民という言葉、実践が生まれたきっかけのひとつに「自給農場運動」があります。自給農場運動は、高度成長や農業の近代化によって歪んだ暮らしを、都市生活者が自ら耕し、自給することで問い直した取り組みです。

その始まりは、「自らつくり・運んで・食べる」を掲げて１９７４年春に創設された消費者自給農場「たまごの会八郷農場」（茨城県石岡市八郷地区）です。消費者が共同で出資し、自ら農場をつくったのです。農場の運営は会員の中から専従スタッフを置きましたが、都市に暮らす会員も購入するだけではなく、共同労働者として生産に関わり、平飼いの鶏卵や多品目の有機野菜を栽培しました。

その後、都市生活者が日常的に耕し、自給することを選択したたまごの会のメンバーが１９８１年に東京都国立市で「やぼ耕作団」を発足させました（その後、活動拠点を日野市に移動）。

やぼ耕作団は、十数家族が30～50アールの農地を共同で耕しました。都市農業における野菜農家の平均的な面積を複数の家族で耕したことになります。これは「ハイレベルな市民耕作」とも呼ばれ、耕作面積が広く、自給度の高さが特徴です。「市民農園や農業体験農園以上独立就農未満」の活動と表現すれば、わかりやすいでしょう。

少量多品目の野菜、米、麦の栽培、味噌や醤油など農産加工、ウサギやニワトリ、ヤギなど家畜の飼育、ワタや藍を栽培して織物や染め物、布団までつくり、自給しました。そして、家畜の糞尿や生ゴミ、落ち葉、稲ワラ、麦ワラ、米ヌカなど身近な資源を利用して堆肥をつくる有畜複合型の有機農業に取り組みました。

やぼ耕作団の活動は、市民であっても生産手段である農地、種、道具、機械、施設を活かす技術を身に付け、食生活の自給度を高めていくとともに、メンバー間の多様な知恵と工夫によって生活全体が自然に寄り添った「ホンモノの暮らしづくり」へと展開していったのです。

「自給」と「つながり」を大切にする「住み続けられる都市」へ

やぼ耕作団は、１９９７年に解散しましたが、「誰もが農に関われること」を実践的に証明し、耕す市民という先駆的な動きをつくり出しました。そのリーダーであった明峯哲夫さんは耕す市民の実践と理論の構築に尽力し、社会に向けて多くの発信をしてきました。

図表６‐８（次ページ）は、人間の暮らしの成立条件です。明峯さんは、人間が自然的かつ社会的な存在であるとし、暮らしの成立条件を「自給」と「つながり」の充足にあると指摘しました。つまり、耕す市民の実践は、食べものの自給や身体性の確保、相互扶助を生み出すコミュニティの形成など単なる趣味嗜好ではない「豊かな暮らし」の実現にあります。

都市農業は新たなステージに入り、コロナ禍でその重要性と必要性が再認識され始めています。すでに述べた通り、耕す市民の存在は、農家とともに都市農地を守り、育む担い手です。都市農業振興基本法では都市農業の多様な機能が評価され、農業体験や交流などの機能の発揮が理解の醸成につながります。

２０２０年は、東京圏で２０１３年7月以降初めて7月、８月、11月、12月に転出超過でした（年間を通して見ると転入超過）。緊急事態宣言による移動制限や感染者の増加などがあ

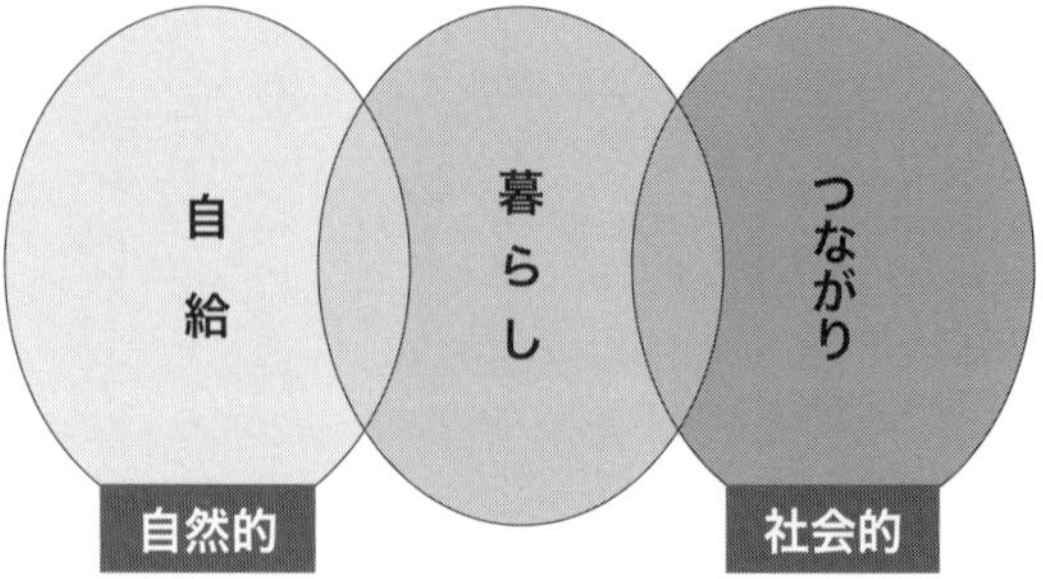

資料：筆者作成

図表6-8　人間の暮らしの成立条件

り、本来転入するはずだった人たちが移動できなかっただけではなく、テレワークの普及などによって他の地域に移住する人たちが増加したことも一因です。

実際、コロナ禍を機に都市から地方へという「田園回帰」の流れは強まり、受け入れ側の地域も期待を寄せています。人口の地方分散は持続可能な社会をつくる上で望ましい動きですが、それですべてを解決できるわけではなく、「住み続けられる都市をどう育てていけるのか」という問題意識も同時に考えることが必要です。

都市でも高齢化が進み、人口減少の時代に入ります。世帯規模の縮小に加え、空き家問題も顕在化している現状で、これまでのような宅地需要は大きく見込めません。都市農業の現場でも他の地域と同様、高齢化と後継者不足の問題を抱え、農家だけで農地を維持していくことに困難が生じています。都市農地を「宅地にするのか、農家が維持するのか」だけではない選択肢をつくりながら、その保全と活用策を考えていくことが重要です。

コロナ禍で明らかになったのは、耕す市民が都市農業を支えるだけではなく、耕すことが人間の暮らしそのものを支え、結果として都市農地の維持や都市農業の振興に大きく貢献するということです。

都市農業への理解や都市農地の維持はもちろん重要ですが、それをさらに一歩進めて、耕す市民の実践を、人間の暮らしに不可欠な「自給」と「つながり」を充足する実践として位置付けることが持続可能な社会をつくる上でも大きな役割を果たします。こうした都市農業、都市農地の普遍的な価値が認められることによって、その維持と多様な農の担い手は増えていくことでしょう。

引用・参考文献

明峯哲夫（１９９３）『都市の再生と農の力：大きな街の小さな農園から』学陽書房

明峯哲夫（２０１６）『明峯哲夫著作集 生命《いのち》を紡ぐ農の技術《わざ》』コモンズ

安藤光義（２０２０）「都市の農地・農業政策の評価と展望」『農業と経済』86（9）、昭和堂、pp.6-16

小口広太、大江正章（２０１６）「都市農業の多様な実践と展開可能性」『まちと暮らし研究』No.27、一般財団法人地域生活研究所、pp.76-87

小野淳、松澤龍人、本木賢太郎（２０１６）『都市農業必携ガイド：市民農園・新規就農・企業参入で農のある都市（まち）づくり』農山漁村文化協会

河邑厚徳、榊田みどり（２００９）『だれでも持っている一粒の種：生活クラブ生協 レッスンＯＮＥ』武田ランダムハウスジャパン

北沢俊春、本木賢太郎、松澤龍人編著（２０１９）『これで守れる 都市農業・農地：生産緑地と相続税猶予制度変更のポイント』農山漁村文化協会

後藤光蔵（２００３）『都市農地の市民的利用：成熟社会の「農」を探る』日本経済評論社

後藤光蔵（２０１９）「都市農業振興基本法成立の意義」北沢俊春、本木賢太郎、松澤龍人編著『これで守れる 都市農業・農地：生産緑地と相続税猶予制度変更のポイント』農山漁村文化協会、pp.29-30

蔦谷栄一（２０１８）「都市農業のかたちが日本農業の先駆け」『ＡＦＣフォーラム』66（8）、日本政策金融公庫、pp.7-10

レイ・オルデンバーグ、忠平美幸翻訳（２０１３）『サードプレイス：コミュニティの核になる「とびきり居心地よい場所」』みすず書房

渡辺善次郎（２００２）「都市と農村を結ぶ循環農業：江戸モデルに学ぶ」桝潟俊子・松村和則編『食・農・からだの社会学』新曜社、pp.236-255

おわりに

本書では、食と農を「つながりの再構築」という観点から多面的に捉え直し、持続可能な食卓の姿について考えてきました。その中で重視した点が、実感を伴った自給、すなわち「等身大の自給」です。「私だけが国産を選択しても自給率は上がらない」と考えるのではなく、日々の暮らしの中で、食卓の自給を考えると実感が湧くと思います。「食べもの」の自給を積み上げることが地域の自給に広がり、その結果が国レベルでの「食料」の自給につながっていくのではないでしょうか。

食料自給率の向上は、結果でしかなく、日々の食卓を豊かにしていくことが大切なのです。こうした手の届く範囲の自給は、とりもなおさず、都市から農村まで広がる日本農業の多様性を支えることにもなります。つまり、本書で使用する再構築という言葉には、食と農のつながりを「ローカルに埋め戻す」という意味合いを強く込めています。

食と農の「ローカルシフト」の実践には、共通の背景が見られます。それは、戦後、とりわけ高度成長期に大きく社会が変化する中で生じた食と農、暮らしの「歪み」です。食と農のつながりの再構築は、そのような歪みを是正する取り組みであり、社会が再び大きく転換しようとしているこの時に、食卓を通じて豊かな暮らしと持続可能な社会の実現を取り結ぶ結節点としての役割を果たしていることがわかります。

もうひとつ、「生産者」「消費者」という言葉、そしてその関係性を「解きほぐす」という意味合いも再構築という言葉に込めています。生産者はつくる人、消費者は食べる人という自明ともいえるこの認識について、改めて考え直してみたいというのも本書の狙いでした。


食と農のつながりの再構築は、消費者が生産側に、生産者も消費側に近付く、みんなで食と農を支えていくプロセスです。そうなると、生産者は消費者のことを考えながら生産するようになり、消費者は生産者のことを考え、思いを巡らせながら消費するようになります。

また、耕す市民のように農の営みを暮らしの一部で実践すると、生産者と同じ地平に立ち、農業や自然環境のことにまでまなざしを向けるようになります。さらに、独立就農者の育成や食と農をつなぐ現場では、「コーディネーター」の活躍が見られ、本書でもその重要性を指摘しました。

食と農の「間」が可視化され、「コミュニケーション」が生まれると、生産者と消費者が単純で一方的な関係性ではなくなります。こうして両者の関係性が解きほぐされ、双方向的なつながりへと再構築されていくのです。

食と農のコミュニケーションをどのように生み出すことができるのでしょうか。その手段が食と農の接点をつくる「場の創出」です。単に生産者が消費者に農産物を販売するだけではなく、交流や農業体験の場などを指します。場の創出は、「食と農の関係性をデザインする力」と言い換えることができるでしょう。

ここで、課題にも少し触れます。今回、子どもから高齢者まで全世代に広がる貧困と食へのアクセスの問題について取り上げることができませんでした。これは、食と社会のつながり、持続可能な食卓を考える上で重要な論点です。国内でも、日々の食事にアクセスできない人たちが多く存在しています。コロナ禍による経済状況の悪化がそれに追い打ちをかけました。

私は学生と一緒に、大学の近くにあるまちづくりＮＰＯと協働し、フードバンクの活動を始めました。地域で活動する子ども食堂や生活困窮者支援団体とつながり、地域で食を分かち合い、みんなで支え合う取り組みです。本書でも食品ロスについて触れましたが、一方で貧困問題が存在しています。こうした「社会的公正」という観点は、食と農のつながりの再構築を考えていく上で重要な課題でしょう。

＊　＊　＊

本書を出版するにあたり、多くの方々にご指導いただきました。私には、研究を支えてくださる恩師が５人います。勝俣誠さん（明治学院大学名誉教授）、大江正章さん、金子美登さん・友子さん（霜里農場）、市田知子さん（明治大学教授）です。

本書の執筆を決意したきっかけは、出版社コモンズ代表で、ジャーナリストの大江正章さんが２０２０年12月に亡くなられたことです。学生時代から可愛がっていただき、よく飲み、議論しました。本章で取り上げた埼玉県小川町、茨城県石岡市八郷地区、東京都小平市は大江さんと一緒に歩いた現場です。本書は、大江さんの遺志を引き継ぎたいという決意表明でもあります。

また、編集担当の小松現さんとは２０１４年に開催された小さな勉強会で知り合い、この縁をどこかで実現させたいという思いを持っていました。久しぶりに連絡を入れると、快く引き受けてくださり、丁寧なチェックと優しい励ましで完成まで導いていただきました。ありがとうございました。

本書では、一般社団法人アグリフューチャージャパンおよび公益財団法人東京都農林水産振興財団から受託した一般社団法人東京都農業会議・アグリタウン研究会の調査研究事業、一般財団法人地域生活研究所の研究助成事業、千葉商科大学経済研究所の研究プロジェクトの研究成果なども活用しました。取り上げた事例については、インタビュー実施日など詳しく書いていませんが、最新のデータなどについてメールで確認し、原稿のチェックをお願いしました。この場を借りて、感謝申し上げます。

最後に、最愛の家族の支えが日々の研究、教育、活動の原動力になっています。長野県塩尻市で小さな畑を守り、野菜とエールを送ってくれる両親、自宅で仕事ばかりしている姿に寄り添ってくれる妻・麻紀、いつも笑顔にしてくれる長女・実莉、そしてこの８月に誕生した次女・葉奈に本書を送ります。
食と農を大切にし、生命《いのち》を育む平和な社会を次の世代に残すことが私の使命であり、その一心で仕事と向き合っています。本書がそのような社会をつくる一助となれば幸いです。

２０２１年８月15日

小口広太

本文図版制作　デザイン・プレイス・デマンド

小口広太（おぐちこうた）

1983年、長野県塩尻市生まれ。千葉商科大学人間社会学部准教授。明治学院大学国際学部卒業後、明治大学大学院農学研究科博士後期課程単位取得満期退学、博士（農学）。日本農業経営大学校専任講師等を経て2021年より現職。専門は地域社会学、食と農の社会学。有機農業や都市農業の動向に着目し、フィールドワークに取り組んでいる。日本有機農業学会事務局長。農林水産省農林水産政策研究所客員研究員。NPO法人アジア太平洋資料センター（PARC）理事。著書に『生命《いのち》を紡ぐ農の技術《わざ》』『有機農業大全』（ともに共著、コモンズ）などがある。

日本《にほん》の食《しょく》と農《のう》の未来《みらい》

「持続可能《じぞくかのう》な食卓《しょくたく》」を考《かんが》える

2021年9月30日初版1刷発行

著　者 ── 小口広太

発行者 ── 田邉浩司

装　幀 ── アラン・チャン

印刷所 ── 萩原印刷

製本所 ── ナショナル製本

発行所 ── 株式会社光文社
東京都文京区音羽1-16-6(〒112-8011)
https://www.kobunsha.com/

電　話 ── 編集部03(5395)8289　書籍販売部03(5395)8116
業務部03(5395)8125

メール ── sinsyo@kobunsha.com

 ISBN 978-4-334-04560-9

光文社新書

1144

孤独は社会問題

孤独対策先進国イギリスの取り組み

多賀幹子

世界で初めて「孤独担当大臣」を設け、EU離脱後も混乱が続く国で、いま何が起きているのか。日本が学べることは何か。イギリス社会を見続けてきたジャーナリストが現地から報告。

978-4-334-04552-4

1145

ダイエットをしたら太ります。

最新医学データが示す不都合な真実

永田利彦

「ほぼ確実にリバウンド」「BMI18・5未満の死亡率は2倍」「小太りが一番長生き」――ダイエットは百害あって一利なし。摂食障害が専門の精神科医が「やせ礼賛」文化を斬る！

978-4-334-04553-1

1146

教養としてのロック名曲ベスト100

川崎大助

現代人の基礎教養、ロック名曲100を、これまでにない切り口で紹介・解説。著者の主観・忖度抜き、科学的な手法で得られた驚愕のランキングの1位は？　サブスク時代に最適のガイド。

978-4-334-04554-8

1147

日本のバドミントンはなぜ強くなったのか？

藤井瑞希

近年、なぜ日本のバドミントンは国際大会で目覚ましい結果を残しているのか。ロンドン五輪女子ダブルス銀メダリストの著者が自身の軌跡を振り返りながらその強さの秘密を語る。

978-4-334-04555-5

1148

腸と森の「土」を育てる

微生物が健康にする人と環境

桐村里紗

人の不調と、環境の不調は「土」でつながっている――最も身近な自然環境＝「腸内環境」と心身の関係、日々の食事の選択の重要性と方法を「プラネタリーヘルス」の観点から説く。

978-4-334-04556-2

1149

世間体国家・日本
その構造と呪縛

犬飼裕一

この国を支配する「空気の構造」とは？　そして、他人の目が気になるのはなぜ？　家庭で、学校で、社会で、人の心の中で、世間体はどう作用しているのか。歴史社会学者が多角的に考察。

978-4-334-04557-0

1150

「孤独」という生き方
「ありのままの自分」でいることのできる、自分だけの居場所を求めて

織田淳太郎

自らの体験に加え、孤独な生き方を実践する人たちへの豊富な取材を基に、人間の根源的な欲求を突き詰め、真に「生きる」とはどういうことかを考察する実用的ノンフィクション。

978-4-334-04558-6

1151

ニュースの未来

石戸諭

テレビ、新聞、出版…ニュースを巡る環境が悪化するなか、本当にこれらのメディアに未来はないのか。気鋭のノンフィクションライターが、ニュースの本質とその未来に迫る。

978-4-334-04559-3

1152

「ボヘミアン・ラプソディ」の謎を解く
〝カミングアウト・ソング〟説の真相

菅原裕子

同名映画も大ヒットした「過去1000年で最も重要な曲」にフレディ・マーキュリーが込めたメッセージとは。膨大な資料をもとに、近年ささやかれている、ある「仮説」を検証。

978-4-334-04537-1

1153

日本の食と農の未来
「持続可能な食卓」を考える

小口広太

食の大部分を海外に依存している日本。国内の農業は高齢化や後継者不足が進み、待ったなしの状況にある。今、私たちは何を考え、行動すべきなのか。「等身大の自給」について考える一冊。

978-4-334-04560-9

光文社新書

1154 新聞記者、本屋になる

落合博

新聞記者であった著者はいかにしてひとり本屋を始めることができたのか。定年目前の58歳、子どもは3歳、書店員経験は0。第二の人生、妻の反対を押し切っての本屋開業記！

978-4-334-04561-6

1155 ルポ コロナ禍で追いつめられる女性たち

深まる孤立と貧困

飯島裕子

臨時休校、おうち時間、休業補償、テレワーク……。コロナ禍で生じた出来事の多くでより深刻な状況に陥ったのは女性だった。その背景にあるものを、当事者への取材から探る。

978-4-334-04562-3

1156 日本のジーパン

林芳亭

米国で生まれたジーンズがいかに日本で独自の発展を遂げたのか？ ジーンズ界の重鎮である著者がジーンズの歴史や、日本における受容のプロセス等「ジーパン愛」を語り尽くす。

978-4-334-04563-0

1157 脳の寿命を延ばす「脳エネルギー」革命

ブドウ糖神話の崩壊とケトン体の奇跡

佐藤拓己

巨大で大食漢な働き者「脳細胞」を長持ちさせる助っ人とは⁉ ヒトの脳の発達を可能にしたエネルギーとしてケトン体に注目。認知症・うつを防ぎ健康にも役立つ栄養摂取法を考察する。

978-4-334-04564-7

1158 田舎暮らし~~読~~毒本

樋口明雄

田舎暮らしにスローライフは存在しない！ 東京から自然豊かな地方に移住して20年の小説家が満を持して贈る、田舎暮らしのノウハウと闇。本書を読まずして移住するべからず！

978-4-334-04565-4